学习

Eureka Math®
1年级
模块4和5

Great Minds PBC is the creator of Eureka Math®,
Wit & Wisdom®, Alexandria Plan™, and PhD Science™.

Published by Great Minds PBC. greatminds.org

Copyright © 2020 Great Minds PBC. All rights reserved. No part of this work may be reproduced or used in any form or by any means—graphic, electronic, or mechanical, including photocopying or information storage and retrieval systems—without written permission from the copyright holder.

ISBN 978-1-64929-247-6

1 2 3 4 5 6 7 8 9 10 CCD 25 24 23 22 21 20

Printed in the USA

学习·练习·成功

Eureka Math® 的学生材料 *A Story of Units*® (K-5)在学习,练习和成功三重奏。本系列支持差异学习和辅导,同时保持学生教材条理清晰且易于使用。教育人员会发现学习、练习 和成功系列还具备连贯性的因此更有效的干预-响应(Response to Intervention / RTI)资源,并提供额外练习和暑假学习资源。

学习

Eureka Math 学习可作为学生的课堂伙伴,帮助其展示自己的想法、分享他们知道的内容、看着他们每天累积知识。学习通过容易存放和浏览的书册集合了每日的课堂作业—应用题、退出票、问题集和模版。

练习

每堂 *Eureka Math* 课程从一系列充满活力、欢乐的熟练度活动开始进行,包括 *Eureka Math* 练习的内容。精通数学的学生可以更深入地掌握更多教材。通过练习,学生将掌握新习得的技能,并加强以前的学习,为下一堂课做准备。

学习和练习一起提供学生用于核心数学教学所需的所有印刷教材。

成功

Eureka Math 成功让学生可以独立学习并精通内容。每一课的额外问题集都与课堂的教学一致,因此非常适合当作家庭作业或额外练习。每个习题集都伴随一个家庭作业助手,它是一组说明如何解决类似问题的练习例题。

老师和导师可以使用前一年级的成功课本作为课程一致性的工具,以填补基础知识的落差。随着熟悉的模型加强与当前年级内容的联系,学生将蓬勃发展,并更快地进步。

学生，家庭和教育工作者：

谢谢您加入 *Eureka Math*® 社区，我们在此赞扬数学带来的乐趣、美好和震撼。

通过丰富的经验和对话，新的学习会在 *Eureka Math* 的课堂中获得启发。学习课本将学生所需的提示和习题顺序交到他们的手中，以展现并巩固他们在课堂里的学习。

学习课本里有什么内容？

应用题： 解决现实世界中的问题是 *Eureka Math* 日常教学的一部分。学生在各种全新的情况下运用他们的知识，可建立信心和毅力。本课程鼓励学生使用 RDW 流程——阅读习题，画图以理解问题，并写出算式和解题方法。当学生分享他们的作业并互相解释他们的解题策略时，教师会提供帮助。

问题集： 精心安排的习题集让学生有机会能在课堂上进行独立作业，并提供多种不同的切入点。老师可以使用"准备和定制"流程为每个学生选择"必须做"的题目。某些学生会比其他人完成更多题目；重要的是，通过老师稍微的提点，所有学生都有 10 分钟的时间立即练习所学内容。

学生通过问题集达到每堂课的高峰点——学生汇报。在此学生会与同学和老师进行思考，说明并强化他们当天有疑问、注意到和学习到的东西。

退出票： 学生通过每日的课堂反馈条向老师展示他们的知识。这项理解程度的检查为老师提供了当天教学成果的珍贵实时证据，进而为下一次的教学重点提供重要的见解。

模板： 有时，"应用题"、"问题集"或其他课堂活动要求学生拥有自己的图片副本、可重复使用的模型或数据集。所有这些模板会在需要用到的第一堂课提供。

在哪里可以了解更多 Eureka Math 的资源？

Great Minds® 团队致力于通过不断扩充的资源库为学生、家庭和教育人员提供支持，请访问：eureka-math.org。该网站还在*Eureka Math*社区提供了一些令人振奋的成功案例。通过成为尤里卡数学优胜者与其他用户分享您的见解和成就。

祝福您一整年都充满着灵光乍现的时刻！

Jill Diniz

吉尔·迪尼兹（Jill Diniz）
数学总监
Great Minds

读–画–写流程

Eureka Math 课程让老师通过简单且可重复的教学流程支持学生解决习题。读–画–写（RDW）流程要求学生

1. 阅读习题。
2. 画图与标记。
3. 写出算式。
4. 写出句子（陈述）。

本课程鼓励教育人员加入以下问题来加强教学流程，例如：

- 你看到了什么？
- 你能画点东西吗？
- 你可以从图画中得出什么结论？

通过这种系统性与开放性的方法，学生参与习题推理的程度越深，他们就越能将思考过程消化吸收，并且在未来更能直觉性地应用这些技能。

内容

模块4：40以内的位值、比较、加法和减法

主题A：十位数和个位数

第一课 3

第二课 9

第三课 17

第四课 23

第五课 29

第六课 37

主题B：两位数字对的比较

第七课 45

第八课 51

第九课 57

第十课 63

主题C：十位数的加减法

第十一课 69

第十二课 79

主题D：十位数或个位数到两位数的加法

第十三课 85

第十四课 91

第十五课 97

第十六课 103

第十七课 109

第十八课 115

主题E：20以内的各种类型习题

第十九课 121

第二十课 125

第二十一课 129

第二十二课 133

主题F：十位数和个位数到两位数的加法

第二十三课 139

第二十四课 145

第二十五课 151

第二十六课 157

第二十七课 163

第二十八课 169

第二十九课 175

模块5：识别，组合和分割形状

主题A：形状的属性

第一课 183

第二课 189

第三课 195

主题B：复合形状中的部分-整体关系

第四课 201

第五课 207

第六课 215

主题C：矩形和圆的两等分和四等分

第七课 221

第八课 227

第九课 235

主题D：应用半小时表示时间

第十课 243

第十一课 249

第十二课 255

第十三课 261

1年级

模块4

读

乔伊一只手握着10颗弹珠，另一只手也握着10颗弹珠。她一共有多少颗弹珠？

画

写

_____

_____

_____

单位的故事　　　　　　　　　　　　　　　　　　　　第一课问题集　　1·4

姓名 _____　　日期 _____

圈出10的组。写下数字以显示对象的总数。

1. ○○○○○ ○○○○○ ○○○○○ ○○○○○ ○○○○○ ○○○○○ 　　　　　　有 _____ 颗葡萄。	2. 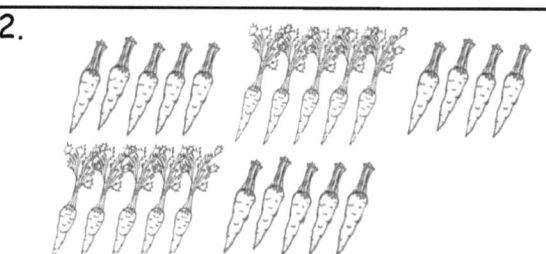 　　　　　　有 _____ 个萝卜。
3. （苹果图） 　　　　　　有 _____ 只苹果。	4. （花生图） 　　　　　　有 _____ 颗花生。
5.  　　　　　　有 _____ 颗葡萄。	6.  　　　　　　有 _____ 个萝卜。
7. 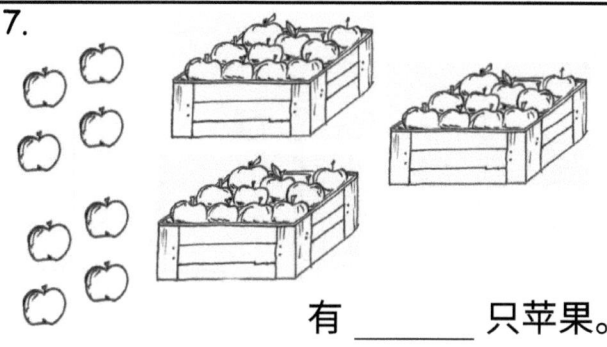 　　　　　　有 _____ 只苹果。	8. （花生袋图） 　　　　　　有 _____ 颗花生。

第一课：　比较按个位和十位计数的效率。

编写数字链以显示十位数和个位数。

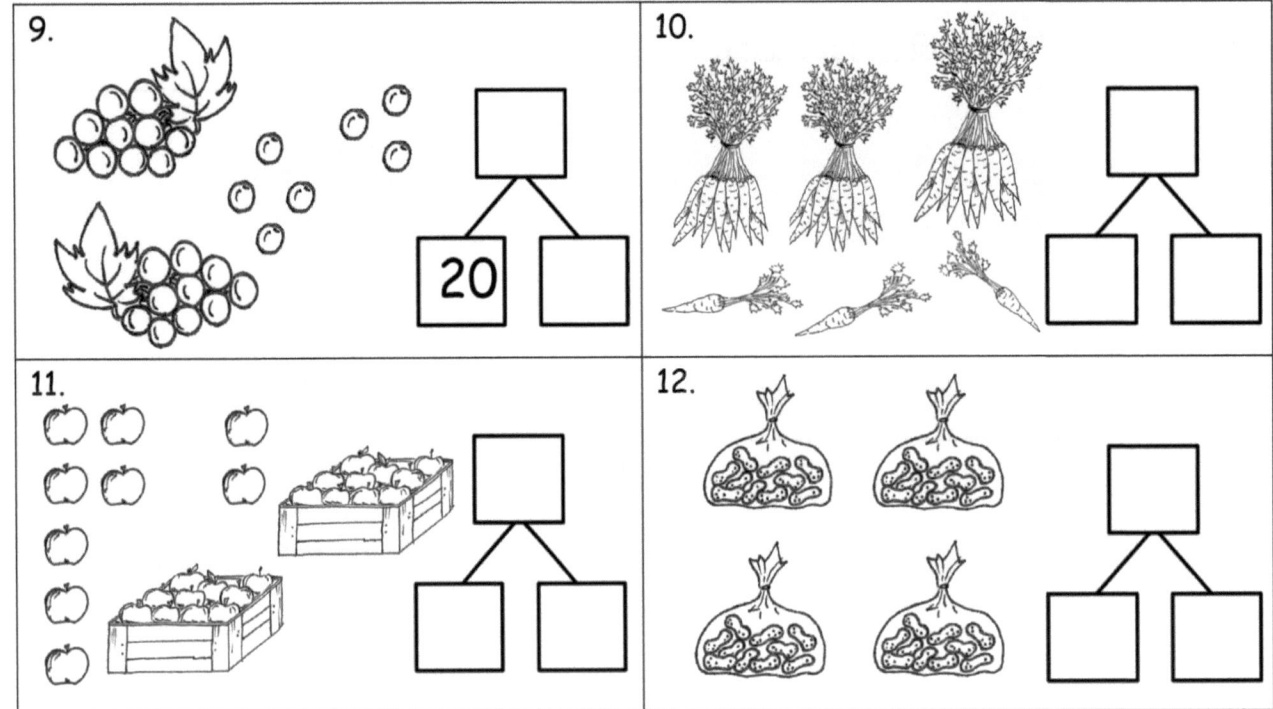

编写数字链以显示十位数和个位数。圈出十位数来帮助。

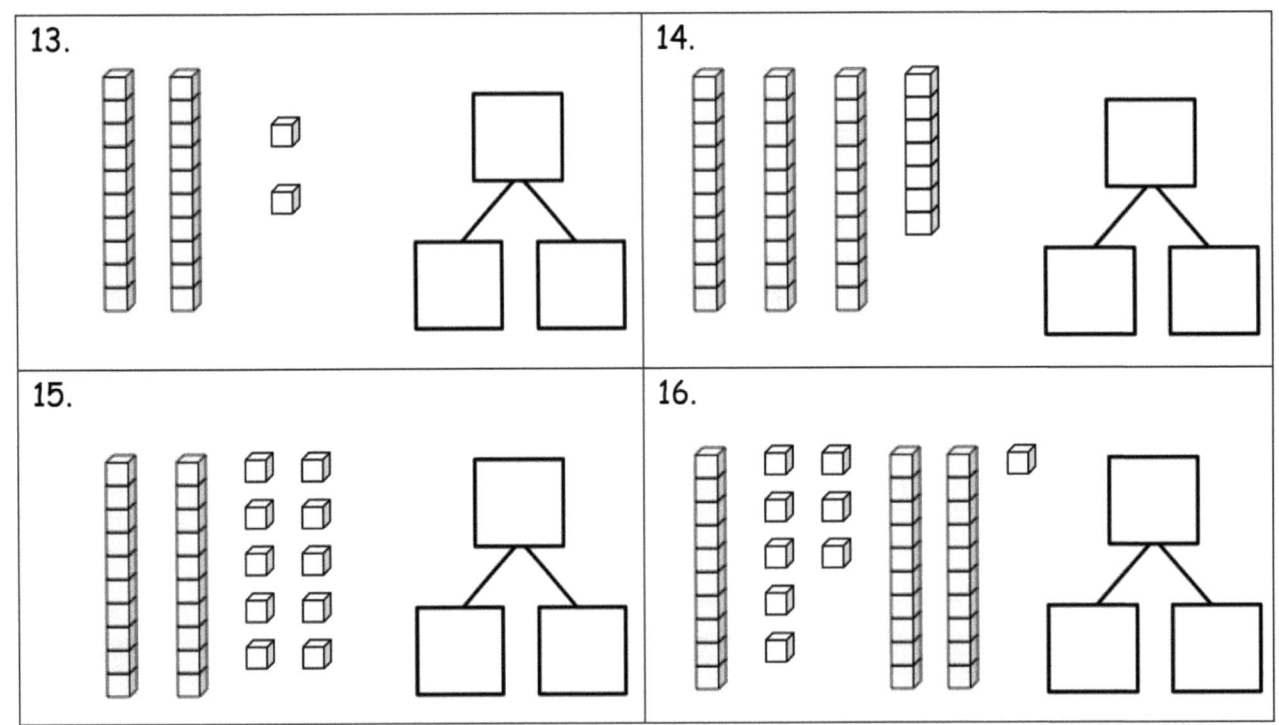

单位的故事　　　　　　　　　　　　　　　　　　　　　　　第一课退出票　　1•4

姓名 _____　　　　**日期** _____

完成数字链。

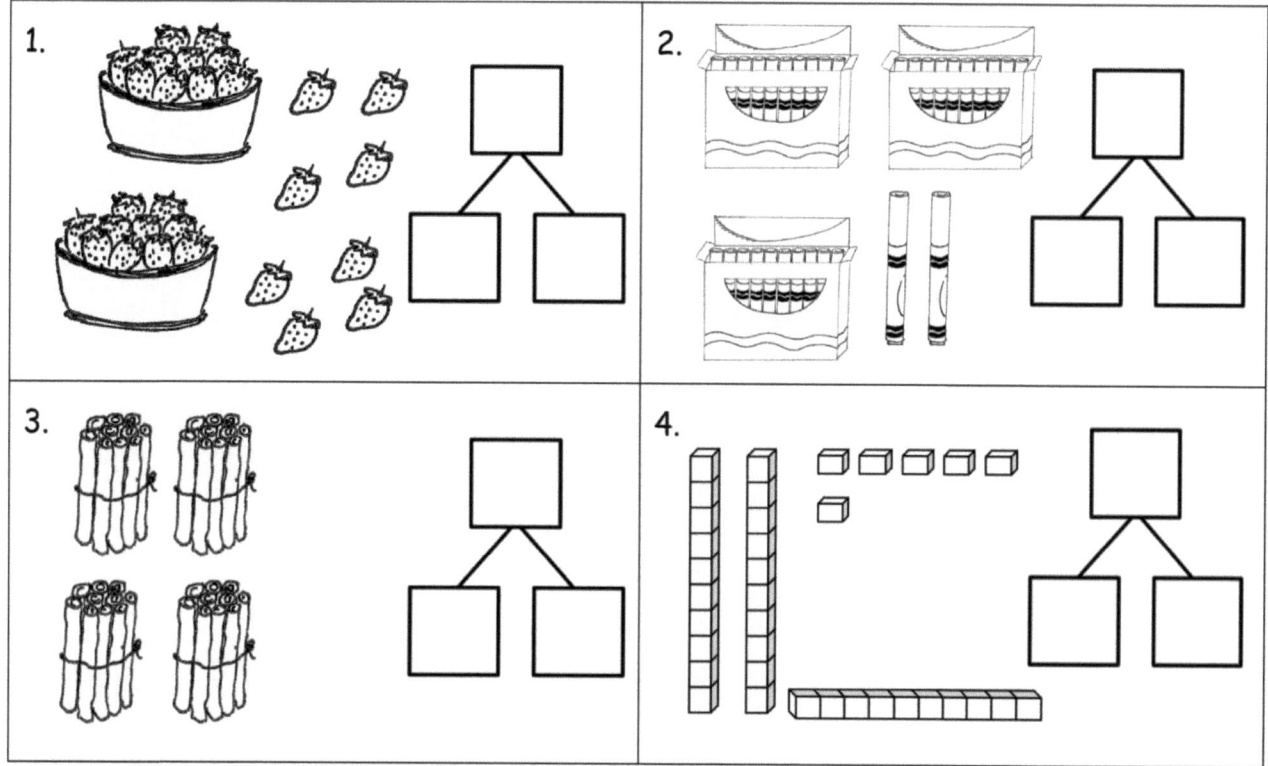

第一课：　　比较按个位和十位计数的效率。

读

特德有4个盒子，每个盒子里有10支铅笔。他总共有几支铅笔？

画

写

_____

_____

_____

姓名 _____   日期 _____

写出十位数和个位数并说出数字。完成陈述句。

1.
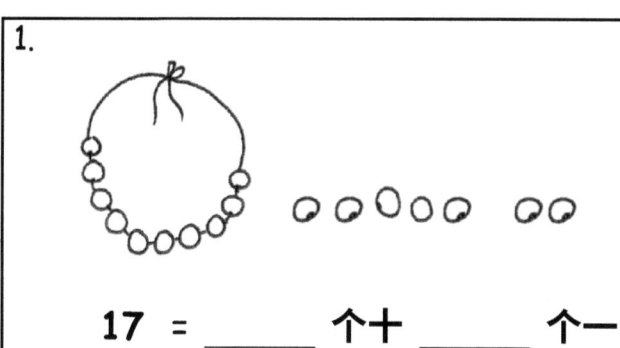
17 = _____ 个十 _____ 个一

2.
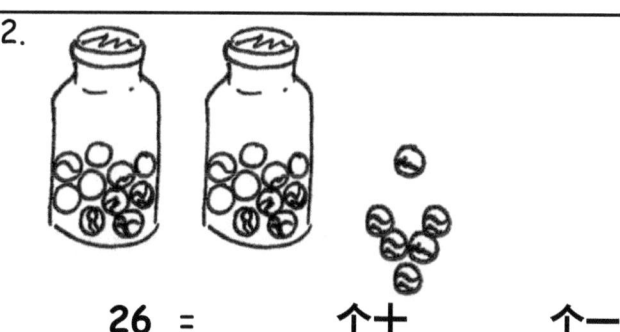
26 = _____ 个十 _____ 个一

3.
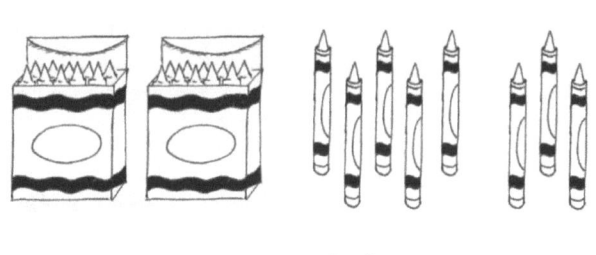
28 = _____ 个十 _____ 个一

4.
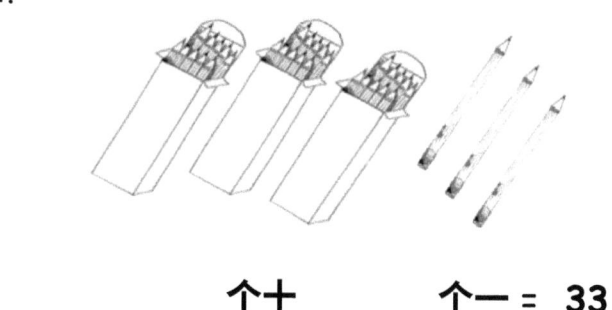
_____ 个十 _____ 个一 = 33

5.
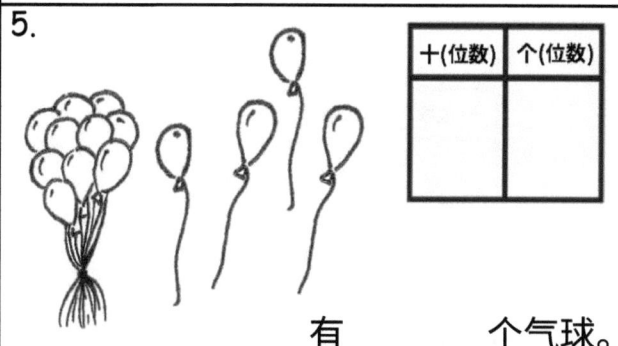
有 _____ 个气球。

6.
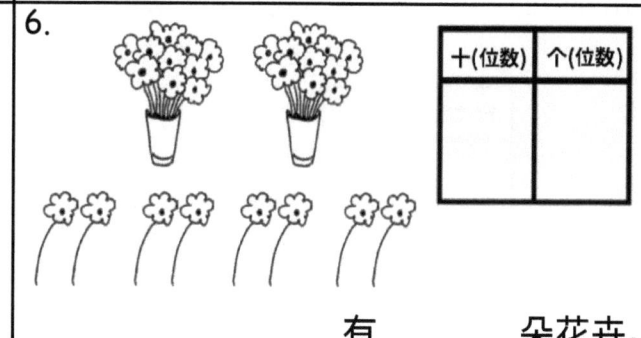
有 _____ 朵花卉。

7.
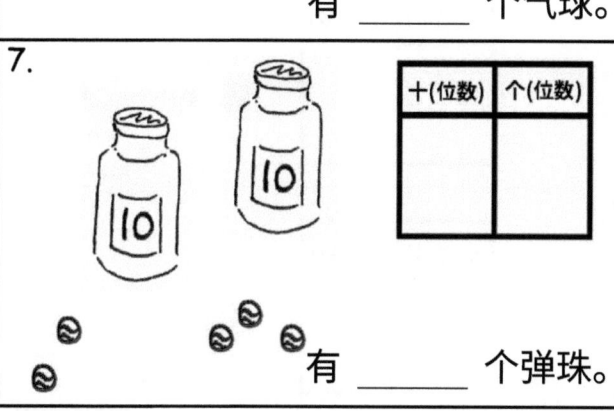
有 _____ 个弹珠。

8.
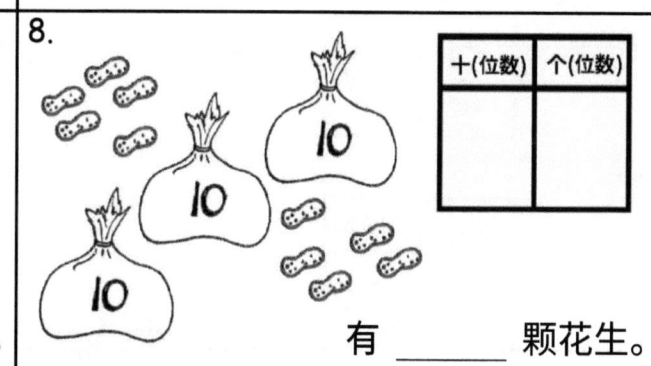
有 _____ 颗花生。

写出十位数和个位数。完成陈述句。

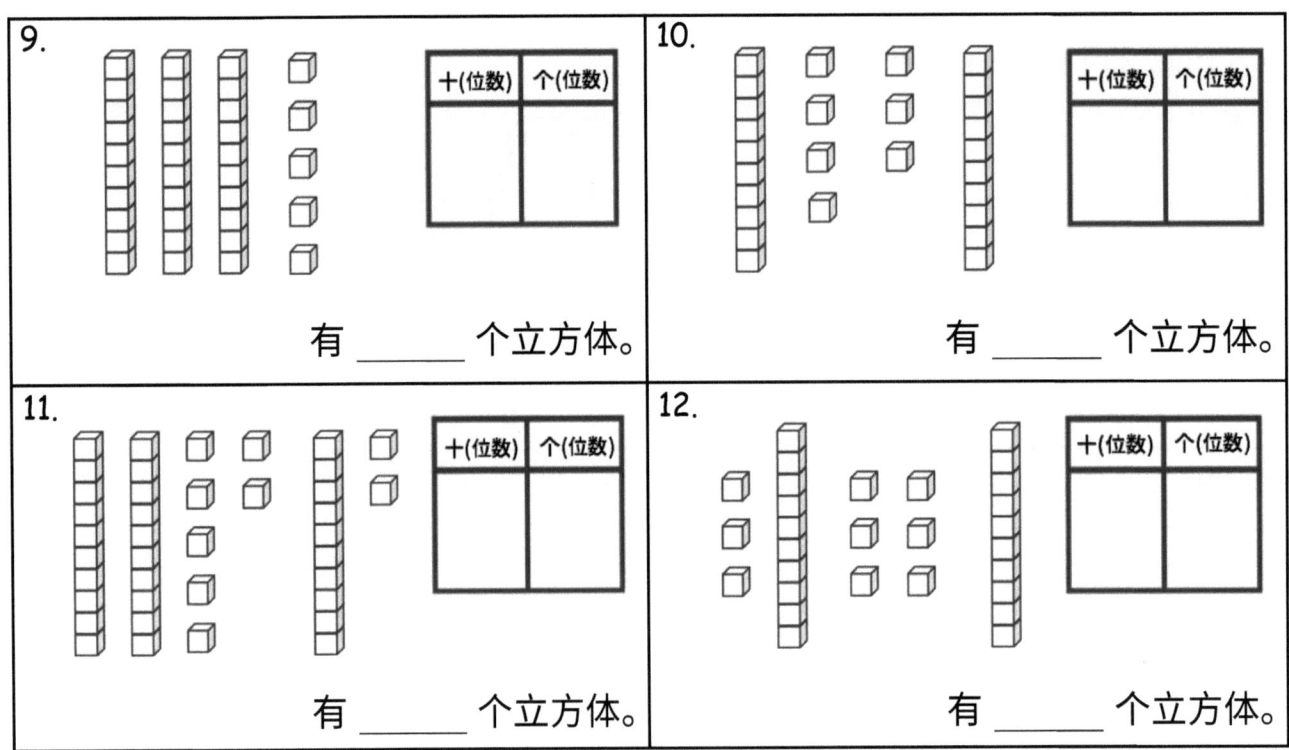

写出缺少的数字。用常规方式和数十法表示。

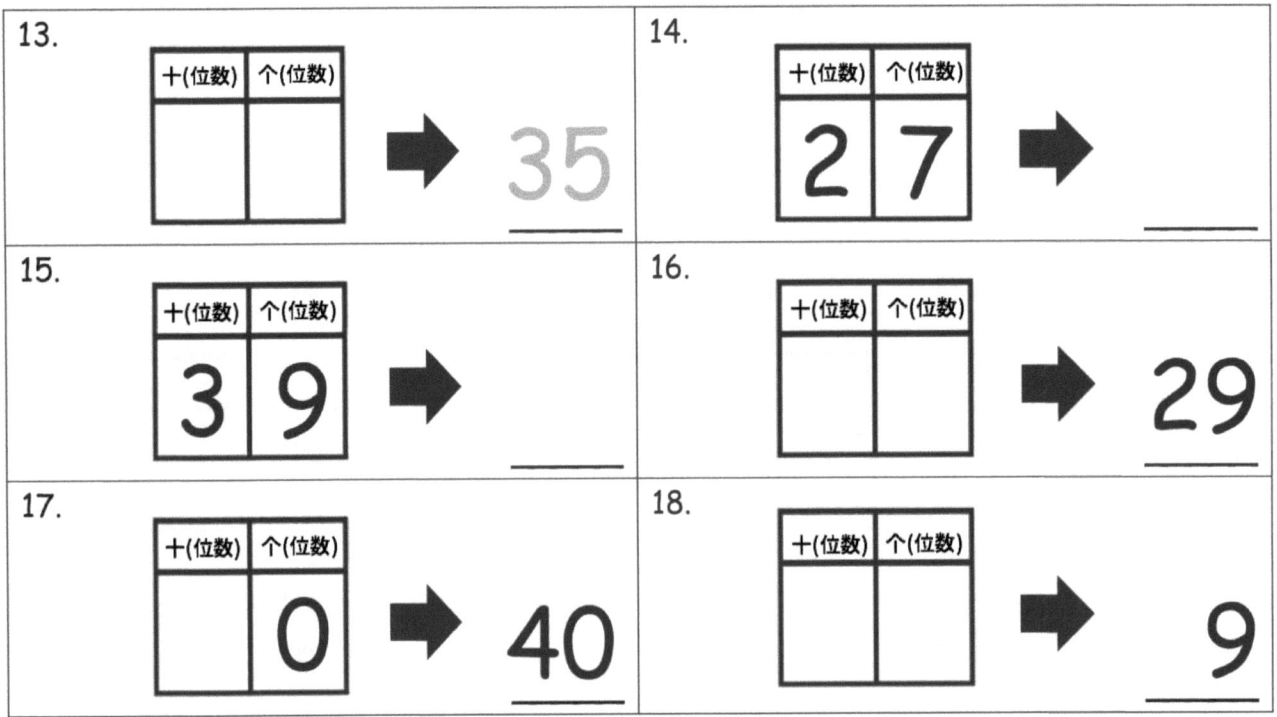

姓名 _____ 日期 _____

将图片与显示正确的十位数和个位数的数位表表匹配。

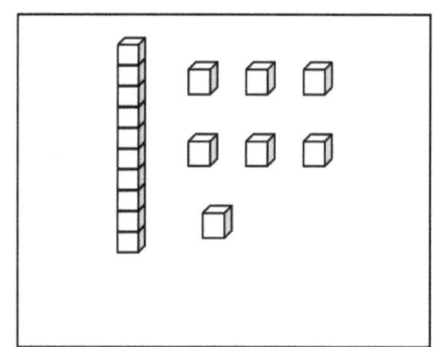

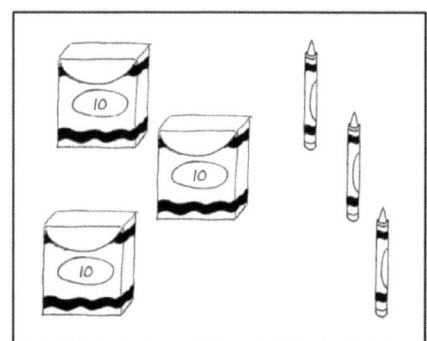

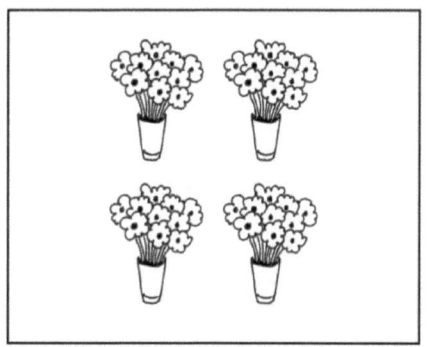

第二课: 使用数位表记录和命名一个两位数的数字。

十(位数)	个(位数)

数位表

第二课: 使用数位表记录和命名一个两位数的数字。

读

苏将数字34写在数位表上。她不记得自己有4个10和3个1还是3个10个和4个1。

使用位值图表来显示34中有多少十位数和个位数。

用图画和文字向苏解释。

画

写

姓名 _____ 日期 _____

尽可能多地数十位数。完成每个陈述句。说出数字和陈述句。

1.

_____ 十个 _____ 一等

于 _____ 个一。

2.

_____ 个十 _____ 个一等

于 _____ 个一。

3.

_____ 个十 _____ 个一等于 _____ 个一。

4.
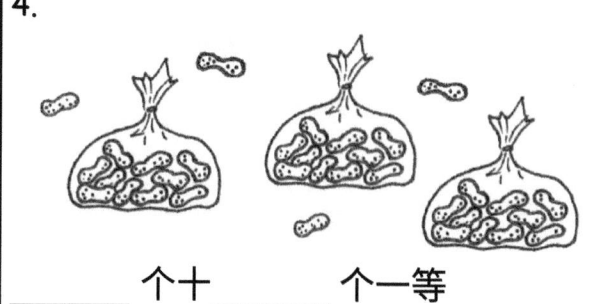
_____ 个十 _____ 个一等

于 _____ 个一。

5.
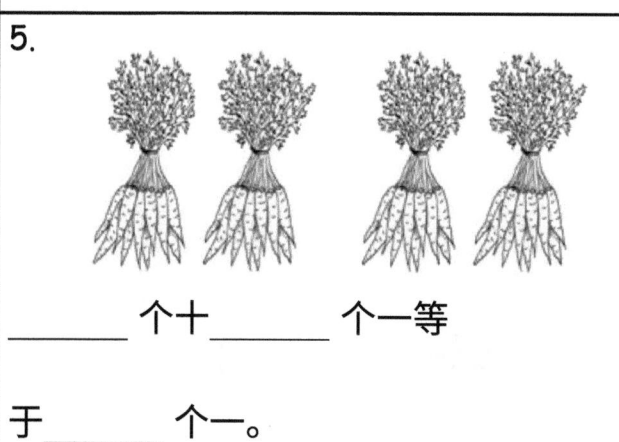
_____ 个十 _____ 个一等

于 _____ 个一。

6.
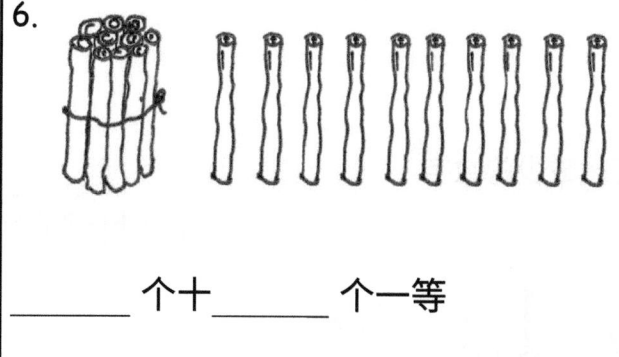
_____ 个十 _____ 个一等

于 _____ 个一。

匹配。

7. | 3个十 2个一 |

8.

9. | 37个一 |

10. | 4个十 |

11. [图示]

12. | 9个一2个十 |

| 29个一 |

| 40个一 |

| 23 ones |

| 32个一 |

| 17个一 |

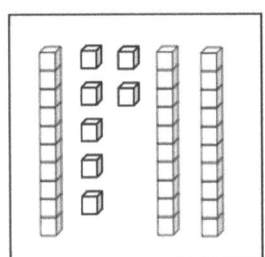

写出缺少的数字。

13. **15** ➡  ➡ _____ 个一

14. _____ ➡ 个10  个1 ➡ 39个1

姓名 _____ 日期 _____

尽可能多地数十位数。完成每个陈述句。说出数字和陈述句。

1.

_____ 个十 _____ 个一等于 _____ 个一。

2.

_____ 个十 _____ 个一等于 _____ 个一。

写出缺少的数字。

3. 27 ➡ | 十(位数) | 个(位数) |
| --- | --- |
| | |

➡ _____ 个1

| 单位的故事 | 第四课应用题 | 1•4 |

读

丽莎有3盒蜡笔,每盒10支以及5支额外的蜡笔。莎莉有19支蜡笔。莎莉说她的蜡笔更多,但丽莎不同意。

谁是对的?

画

第四课: 编写两位数字并表示为结合十位数和个位数的加法算式。

单位的故事 第四课应用题

写

_____

_____

_____

第四课: 编写两位数字并表示为结合十位数和个位数的加法算式。

单位的故事　　　　　　　　　　　　　　　　　　　　　　　　　第四课习题集　　1•4

姓名 _____　　　　日期 _____

填写数字键。完成陈述句。

1.
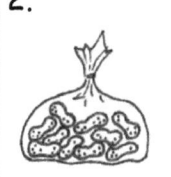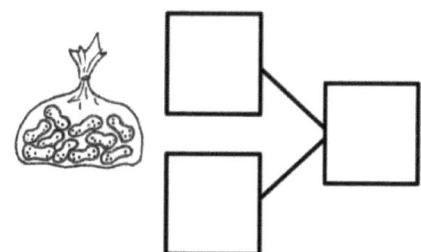

20和3是 _____。

20 + 3 = _____

2.

20和8是 _____。

20 + 8 = _____

3.
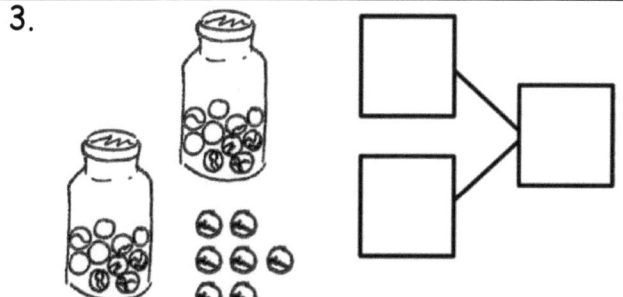

20 + 7 = _____

20和7是 _____。

4.
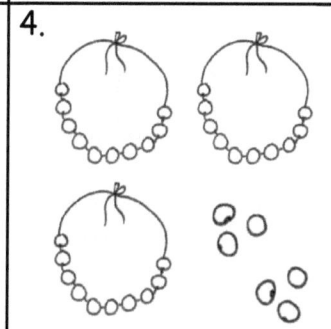

30 + 6 = _____

30和6是 _____。

5.
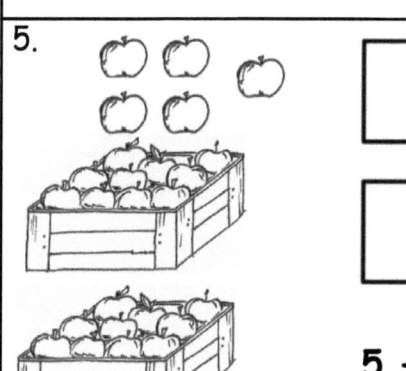

5 + 20 = _____

5和20是 _____。

6.
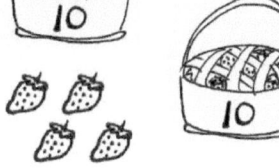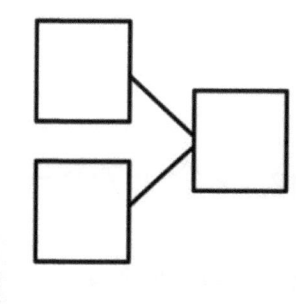

8 + 30 = _____

8和30是 _____。

第四课：　编写两位数字并表示为结合十位数和个位数的加法算式。

写出十位数和个位数。然后,写一个加法算式将十和一相加。

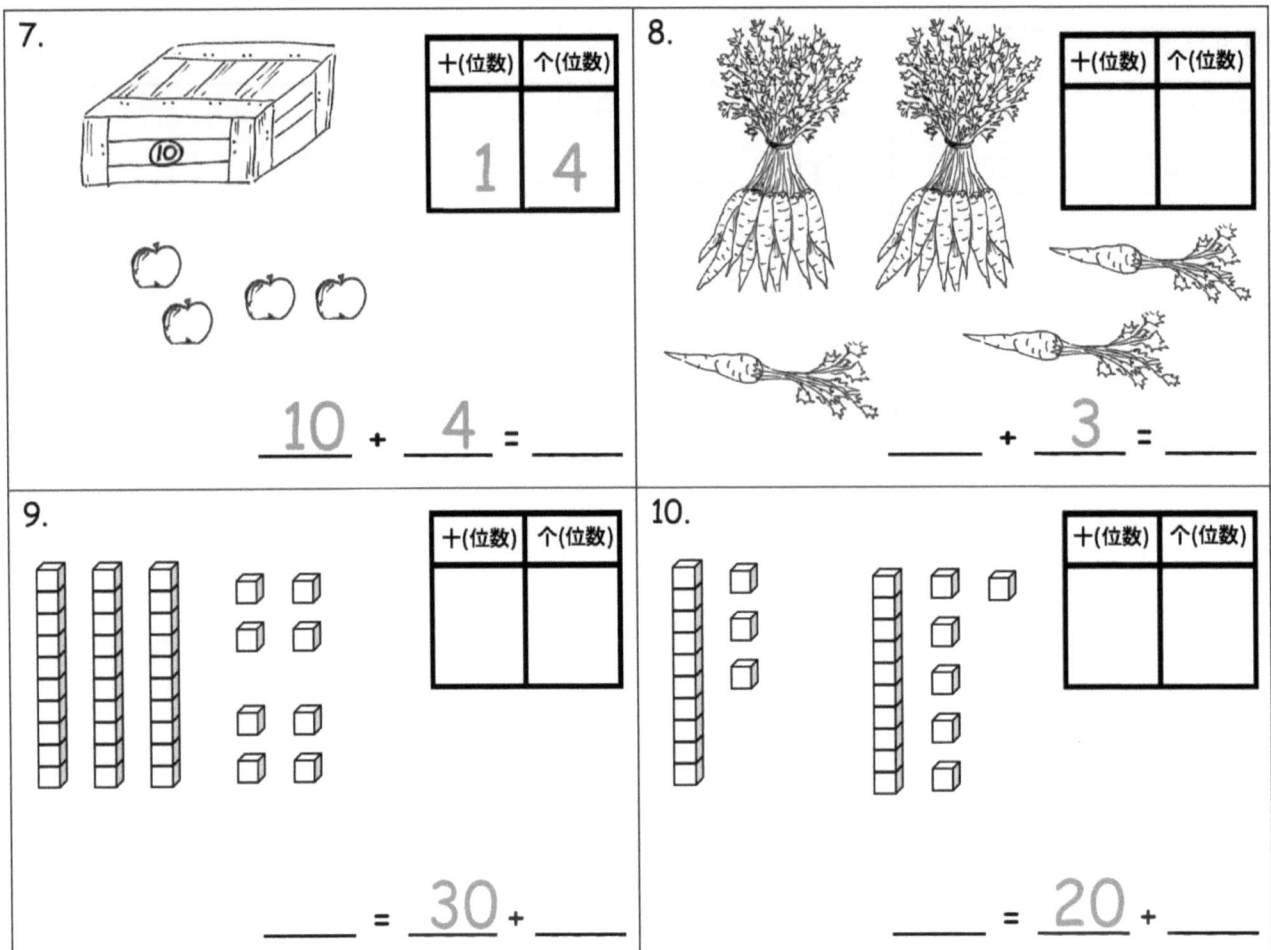

匹配。

11. 4个十 •　　　　　　• 20 + 7

12. 2个十7个一 •　　　　• 40

13. 20加3 •　　　　　　• 20 + 3

14. 9个一3个十 •　　　　• 2 + 30

15. 2个一3个十 •　　　　• 9 + 30

姓名 _____ 日期 _____

写出十位数和个位数。然后，写一个加法算式将十和一相加。

1.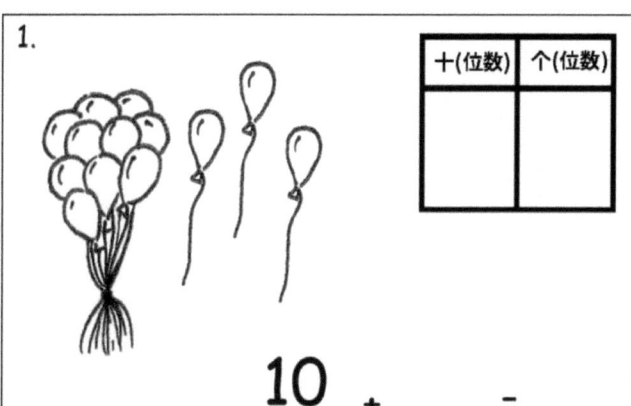

   _10_ + ___ = ___

2.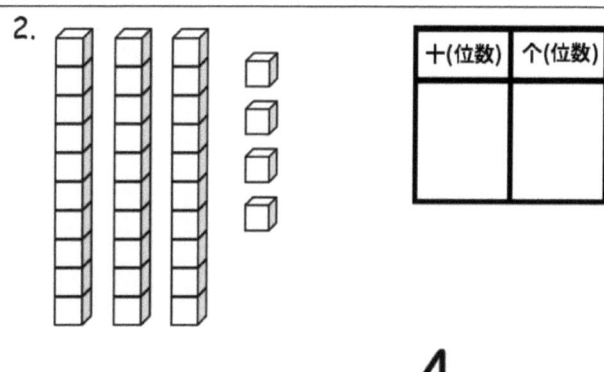

   ___ + _4_ = ___

3.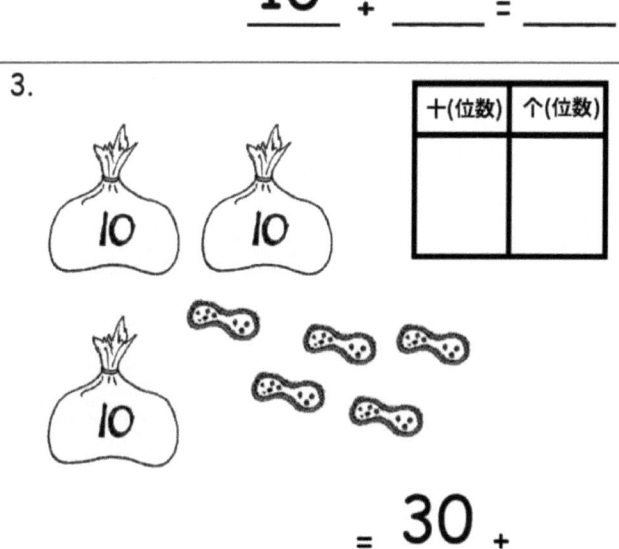

   ___ = _30_ + ___

4.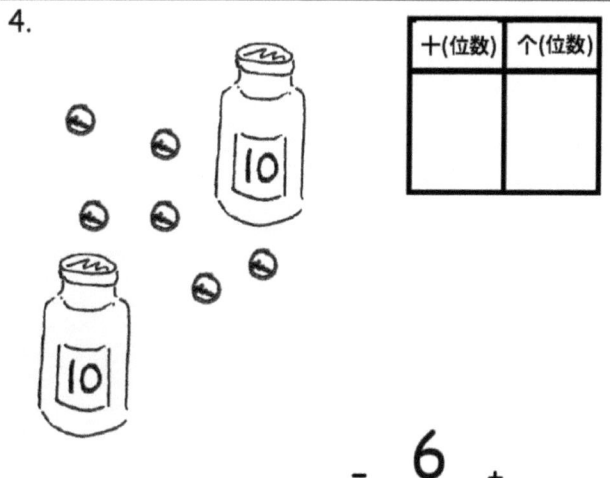

   ___ = _6_ + ___

读

李有四支铅笔,又买了十支。凯安娜有17支铅笔,但其中有10支丢失了。现在谁的铅笔更多?使用图画,单词和数字算式来解释你的想法。

画

写

_____

_____

_____

姓名 _____ 日期 _____

写下数字。

1.
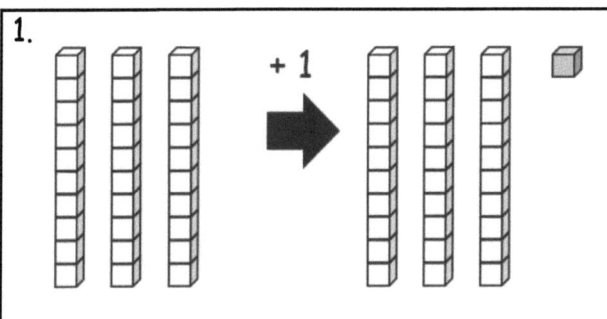
30加1是 _____。

2.
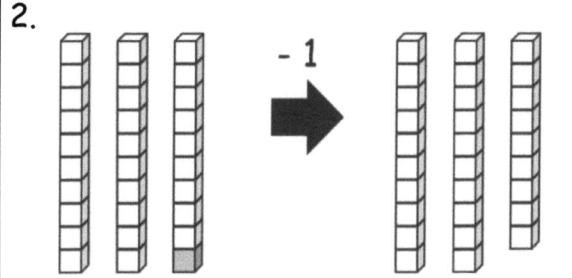
30减1是 _____。

3.
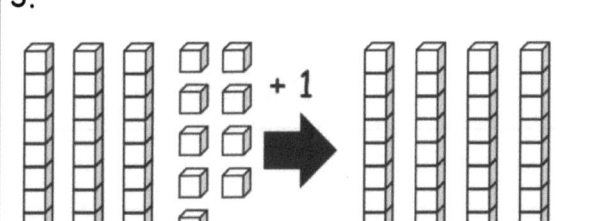
39加1是 _____。

4.
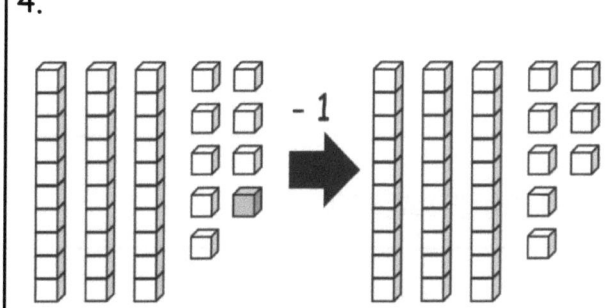
39减1是 _____。

5.
27加10是 _____。

6.
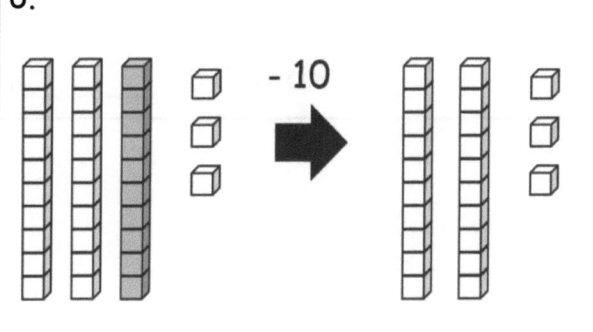
33 减10是 _____。

画大1或大10。你可以使用一个快速十来显示十个以上。

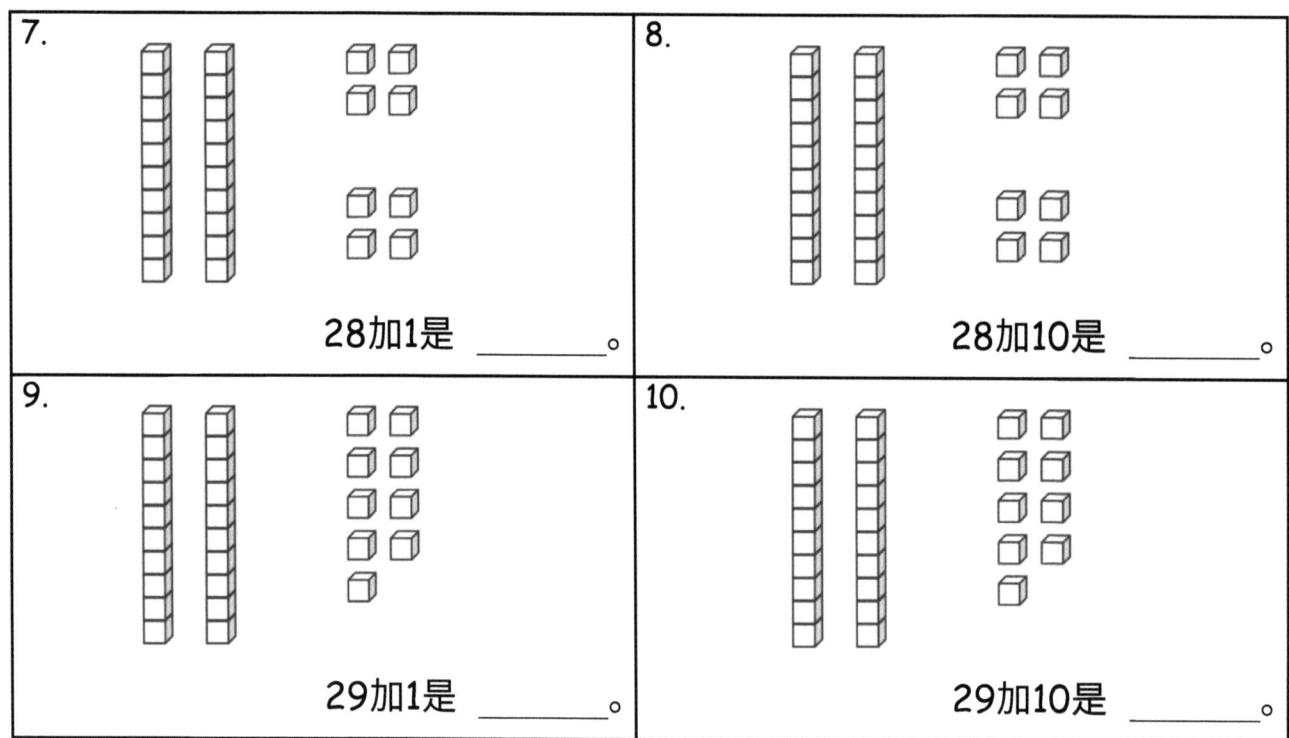

划掉(x)表示少1或少10。

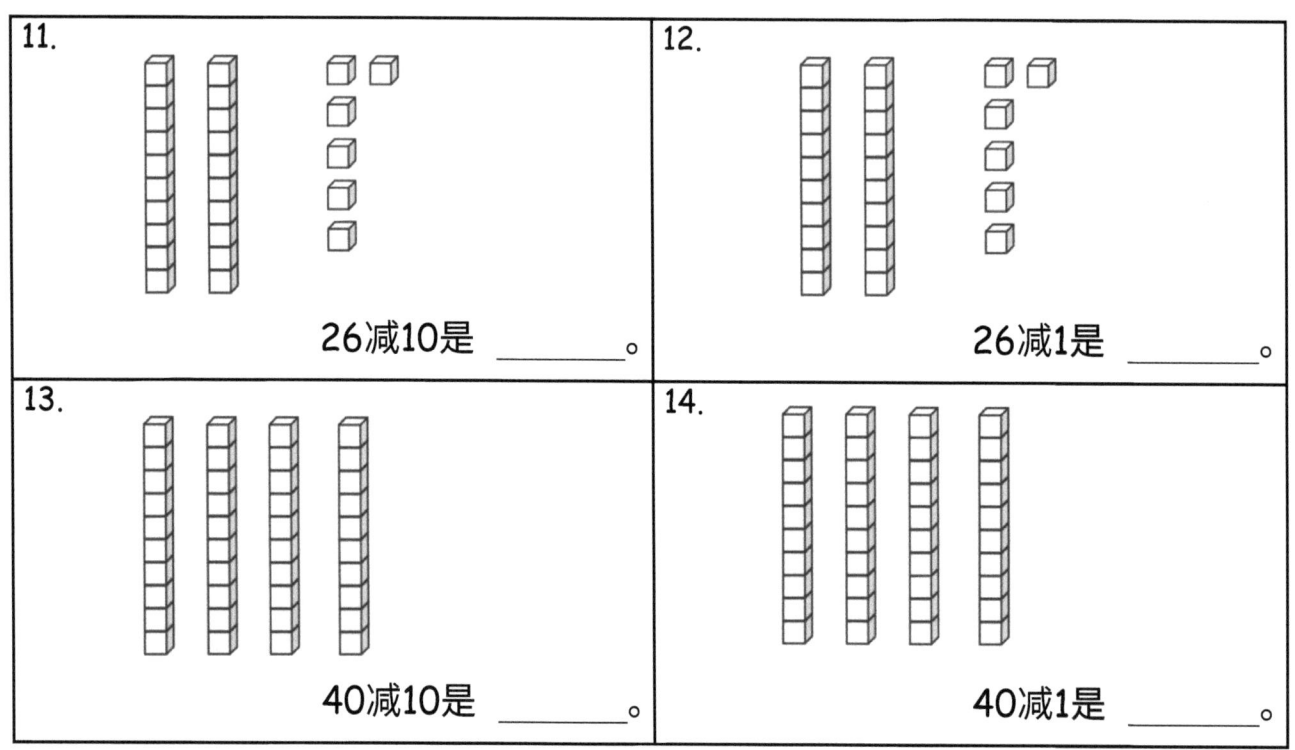

姓名 _____ 日期 _____

画大1或大10。你可以使用一个快速十来显示十个以上。

1.

24加1是 _____。

2.

24加10是 _____。

划掉(x)表示少1或少10。

3.

30减10是 _____。

4.

30减1是 _____。

第五课： 再确认比一个两位数大10，小10，大1和小1的数字。

十(位数)	个(位数)

十(位数)	个(位数)

双数位表

第五课: 再确认比一个两位数大10, 小10, 大1和小1的数字。

读

希拉有3个袋子,每个袋子中有10块椒盐脆饼,另外还有9块椒盐脆饼。她给朋友一袋。她现在有多少椒盐脆饼?

扩展: 约翰有19块椒盐脆饼。他现在需要多少个椒盐脆饼才能拥有希拉同样的数量呢?

画

写

_____

_____

_____

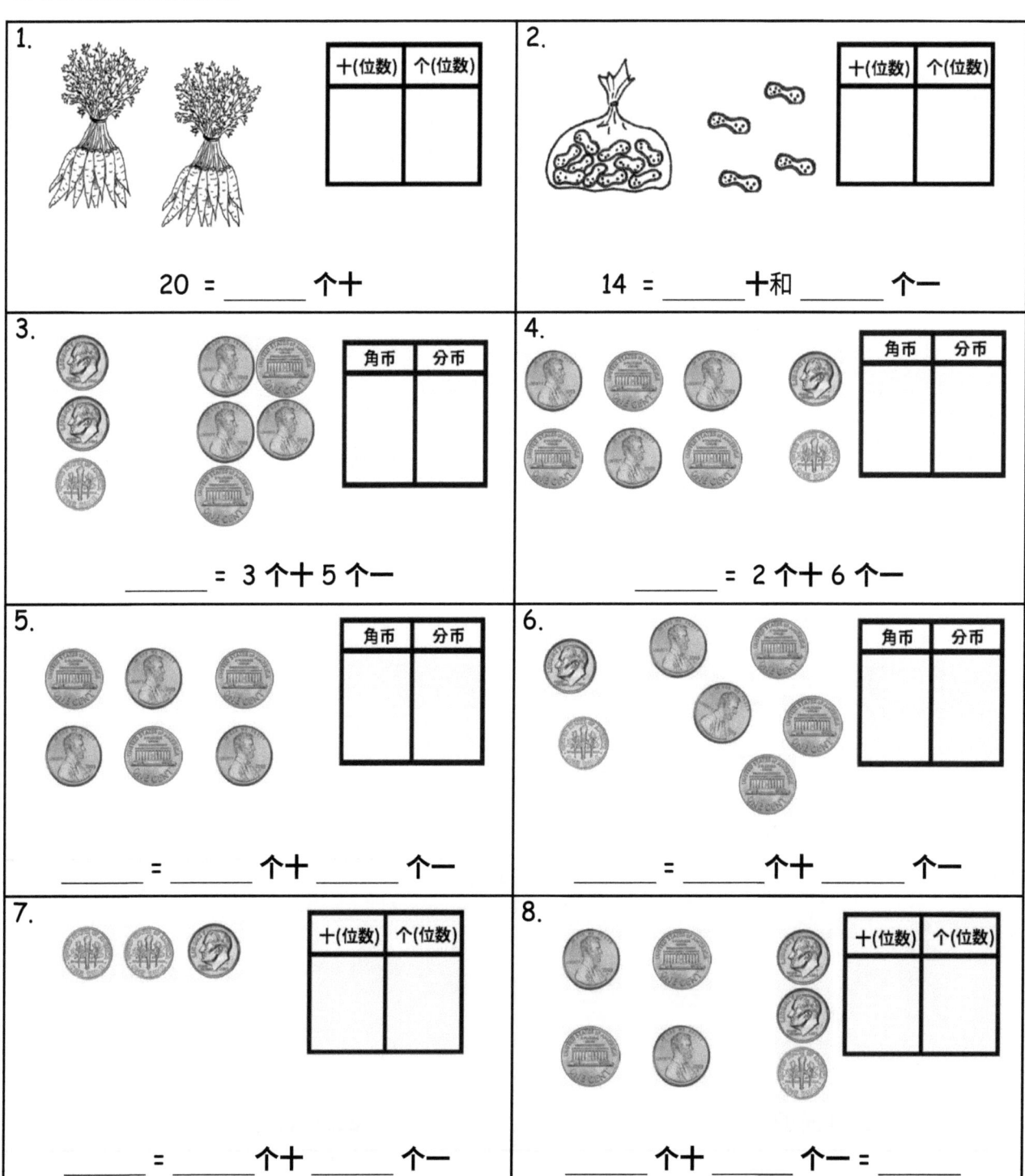

单位的故事　　　　　　　　　　　　　　　　　　　　　　　第六课问题集

填空。根据需要绘制或划掉十或一。

比25大10是 35

9.	10.
1加15是 _____。	10加5是 _____。
11.	12.
10加30是 _____。	1加30是 _____。
13.	14.
24减去1是 _____。	24减去10是 _____。
15.	16.
21减去10是 _____。	21减去1是 _____。

第六课：　用角币和分币分别表示十和一。

姓名 _____ **日期** _____

填空。根据需要绘制或划掉十或一。

1. 10加23是 _____。

2. 1加13是 _____。

3. 31减去10是 _____。

4. 14减去1是 _____。

角币	分币

十(位数)	个(位数)

硬币和数位表

第六课: 用角币和分币分别表示十和一。

读

本尼有4角钱。马克斯有4分钱。本尼说："我们拥有相同的金额！"他说的对吗？用图画或文字来解释你的思维。

画

写

_____

_____

_____

第七课: 比较两个数量，并确定两个给定数字中的大或小。

姓名 _____   日期 _____

写下每个集合中每对的项目数。然后，圈出具有较大项目数的集合。

1. _____   _____

2. _____   _____

3. _____   _____

4. _____   _____

5. 圈出在每对中较大的数字。

   a. 1个十 2个一   3个十 2个一

   b. 2个十 8个一   3个十 2个一

   c.   19   15

   d.   31   26

6. 圈出具有较大值的硬币集合。

3角钱   3美分

写下每个集合中每对的项目数。圈出具有较少项目的集合。

7.

_____   _____

8.

_____   _____

9.

_____   _____

10.

_____   _____

11. 圈出每对中较小的数字。

   a. 2个十 5个一   1个十 5个一

   b. 28个一   3个十 2个一

   c.   18   13

   d.   31   26

12. 圈出具有较小值的硬币集合。

1角钱2美分   1美分2角钱

13. 圈出较小的数额。绘图或书写以说明你如何知道。

32   17

第七课： 比较两个数量，并确定两个给定数字中的大或小。

单位的故事　　　　　　　　　　　　　　　　　　　　　　第七课退出票　1•4

姓名 _____　　日期 _____

1. 写下每个集合中的项目数。然后，圈出具有较大数的集合。编写陈述句以比较两个集合。

　　　　　　　　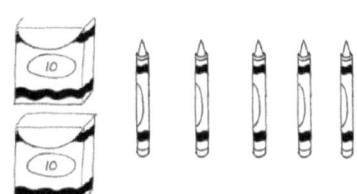

_____　　　　　　　　　　　　　　　_____

　　　　　_____ 大于 _____。

2. 写下每个集合中的项目数。然后，圈出具有较小数的集合。表示一个陈述句比较这两个集合。

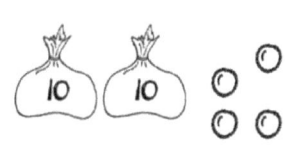　　　　　　　　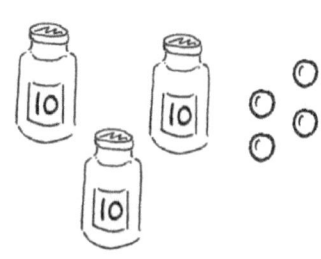

_____　　　　　　　　　　　　　　　_____

　　　　　_____ 小于 _____。

3. 圈出具有较大值的硬币集合。

4. 圈出具有较小值的硬币集合。

第七课：　　比较两个数量，并确定两个给定数字中的大或小。　　　　49

读

安东摘了25颗草莓。他又摘了一些草莓。

然后,他吃了35颗草莓。

a. 使用数位表显示安东还采摘了多少草莓。

b. 用以下其中一个短语编写一个陈述句来比较草莓的两个数量:大于,小于或等于。

画

写

姓名 _____ 日期 _____

1. 绘制快速十和一以显示每个数字。将第一张图标记为小于(L)，大于(G)，或等于(E) 第二张图。编写词库中的一个短语以比较数字。

词库
大于
小于
等于

a.

20 _____ 18

b. 2个十   3个十

2个十 _____ 3个十

c. 24   15

24 _____ 15

d. 26   32

26 _____ 32

2. 编写词库中的一个短语以比较数字。

36 _____ 3个十6个一

1个十8个一 _____ 3个十1个一

第八课： 从左到右比较数量和数字形式。

38 _____ 26

1个十7个一 _____ 27

15 _____ 1个十2个一

30 _____ 28

29 _____ 32

3. 按以下顺序排列以下数字：从最小到最大。使用完后，将每个数字划掉。

| 9　40　32　13　23 |

4. 按以下顺序排列以下数字：从最大到最小。使用完后，将每个数字划掉。

| 9　40　32　13　23 |

5. 使用数字8、3、2和7制作4个不同的两位数字，数字少于40。
按以下顺序编写：从最大到最小。

| 8　3　2　7 |
| 例题：32、27，… |

第 八 课： 从左到右比较数量和数字形式。

单位的故事 第八课退出票 1•4

姓名 _____ 日期 _____

1. 按以下顺序编写写数字：从最大到最小。

   | 40 |
   | 39   29 |
   | 30 |

   ____ ____ ____ ____

2. 使用词库中的短语来完成句子框架，以比较两个数字。

   词库

   | 大于 |
   | 小于 |
   | 等于 |

   a. 17 _____ 24

   b. 23 _____ 2个十 3个一

   c. 29 _____ 20

第八课： 从左到右比较数量和数字形式。

读

卡尔收藏有一些岩石。他又收集了10块岩石。现在他有31块岩石。一开始他有几块石头?

a. 使用数位表来显示卡尔最初拥有多少块岩石。

b. 使用其中一个短语,写出一个陈述句来比较卡尔开始和结束的岩石数量: 大于, 小于或等于。

画

写

单位的故事

姓名 _____ 日期 _____

1. 圈出正在吞食较大数字的鳄鱼。

| a. 40 > 20 | b. 10 < 30 | c. 18 > 14 | d. 19 < 36 |

2. 将数字写在空白处,以便鳄鱼吞食较大的数字。与伙伴一起,使用大于,小于,或等于大声比较数字。请记住从左边的数字开始。

a. 24　　4　　__ > __	b. 38　　36　　__ < __	c. 15　　14　　__ < __
d. 20　　2　　__ > __	e. 36　　35　　__ < __	f. 20　　19　　__ < __
g. 31　　13　　__ > __	h. 23　　32　　__ < __	i. 21　　12　　__ < __

第九课: 使用符号 >,= 和 < 比较数量和数字。

3. 如果鳄鱼正在吞食较大的数字，圈出它。如果没有，请重新绘制鳄鱼。

a. 20 > 19

b. 32 < 23 （重新绘制为 >）

4. 完成图表，使鳄鱼吃到较大的数字。

	十(位数)	个(位数)		十(位数)	个(位数)
a.	1	2	>		1
b.	2	7	>	2	
c.	2	5	>		5
d.		8	<	3	8
e.	2	1	>		2
f.	2	4	<		4
g.	1	8	>		5
h.	2	1	>		9
i.		7	<	2	1
j.	1	4	>		4

第九课： 使用符号 >, = 和 < 比较数量和数字。

姓名 _____ 日期 _____

将数字写在空格中,以使鳄鱼吃掉更大的数字。

阅读数字算式,使用大于,小于,或等于。请记住从左边的数字开始。

a. 12 10 > ___ ___	b. 22 24 < ___ ___	c. 17 25 > ___ ___
d. 13 3 > ___ ___	e. 27 28 > ___ ___	f. 30 21 < ___ ___
g. 12 21 > ___ ___	h. 31 13 < ___ ___	i. 32 23 < ___ ___

第九课: 使用符号 >,= 和 < 比较数量和数字。

读

伊莱恩和迈克正在采摘蓝莓。伊莱恩有19颗蓝莓,但吃了10颗。迈克有13个,又采摘了7颗。在伊莱恩吃了一些而麦可又采摘了一些之后,比较伊莱恩和迈克的蓝莓数量。

a. 用文字和图片显示每人有多少蓝莓。

b. 在陈述句中使用术语大于或小于。

画

写

_____

_____

_____

第十课: 使用符号 >，= 和 < 比较数量和数字。

姓名 _____   日期 _____

1. 使用符号比较数字。填空使用符合 < , > ，或 = 编写一个为真的数字算式。从左到右阅读数字算式。

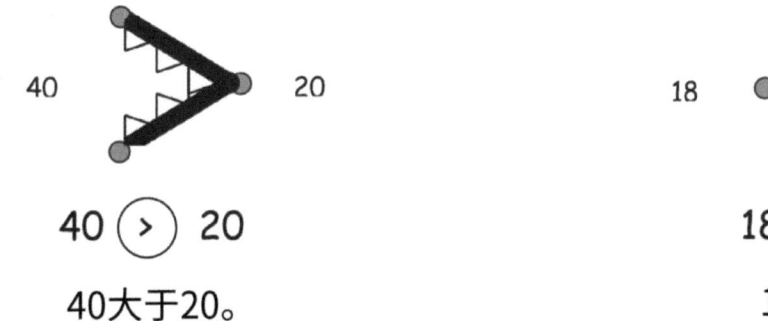

40 (>) 20

40大于20。

18 (<) 20

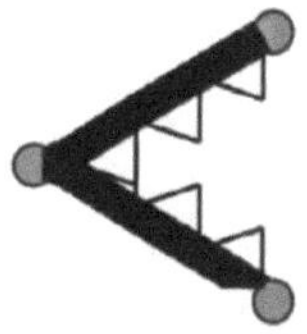

18小于20。

a. 27 ◯ 24	b. 31 ◯ 28	c. 10 ◯ 13
d. 13 ◯ 15	e. 31 ◯ 29	f. 38 ◯ 18
g. 27 ◯ 17	h. 32 ◯ 21	i. 12 ◯ 21

第十课： 使用符号 >，= 和 < 比较数量和数字。

2. 圈出正确的词汇使算式正确。用 >，<，或 = 和数字来编写一个为真的数字算式。已为你完成第一道题。

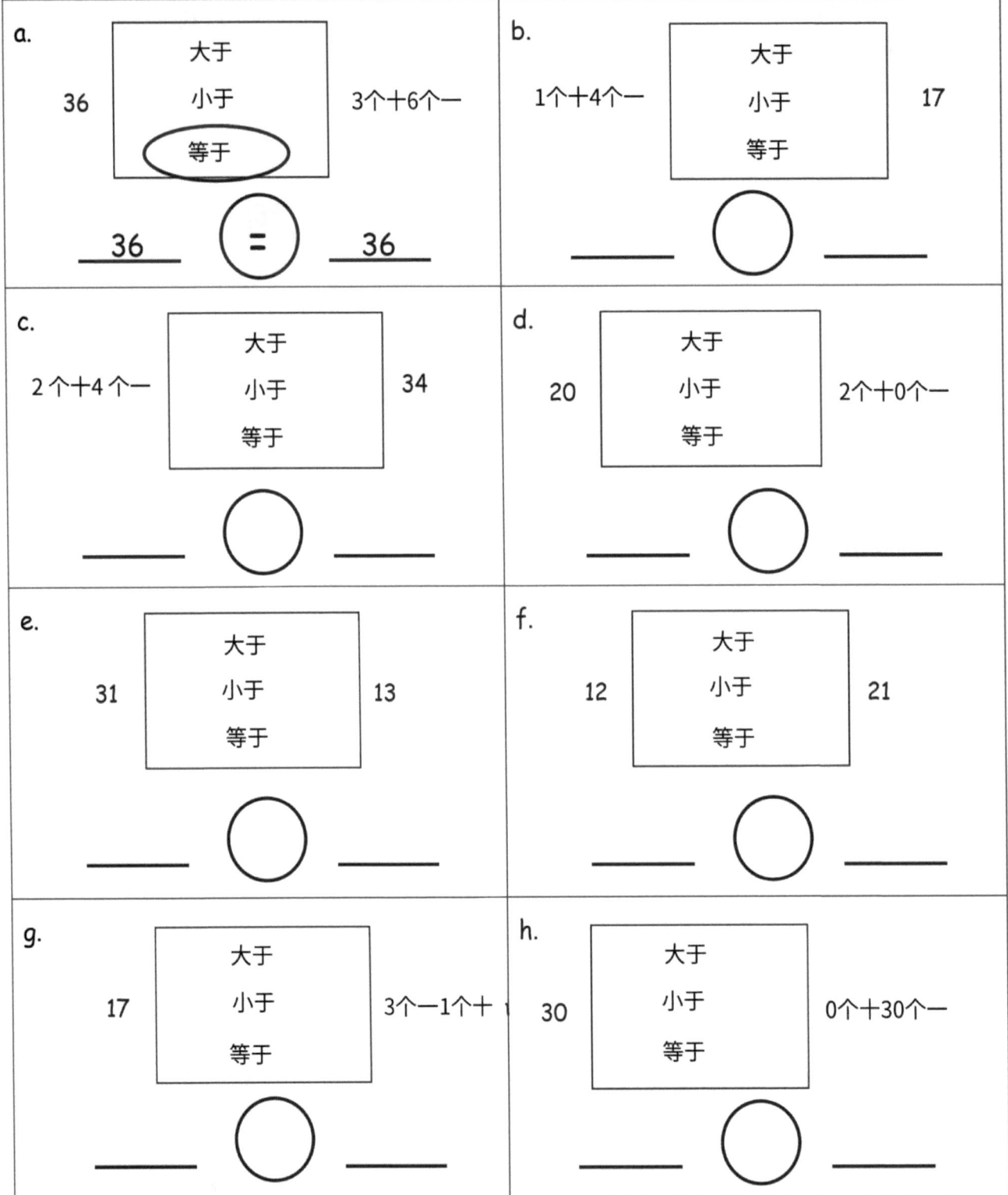

姓名 _____ 日期 _____

圈出正确的词汇使算式正确。用 > , < , 或 = 和数字来编写一个为真的数字算式。

a.

29　[大于 / 小于 / 等于]　2个十6个一

____ ◯ ____

b.

1个十8个一　[大于 / 小于 / 等于]　19

____ ◯ ____

c.

2个十9个一　[大于 / 小于 / 等于]　40

____ ◯ ____

d.

39　[大于 / 小于 / 等于]　4个十0个一

____ ◯ ____

读

沙龙有3角钱和1美分。米娅有1角钱和3美分。谁的金额值更大？

画

写

___

___

___

第十一课： 从十的倍数中减去十。

姓名 _____ 日期 _____

完成数字键和数字算式以匹配图片。已为你完成第一道题。

1.

   3个十 + 1个十 = 4个十
   30 + 10 = 40

2.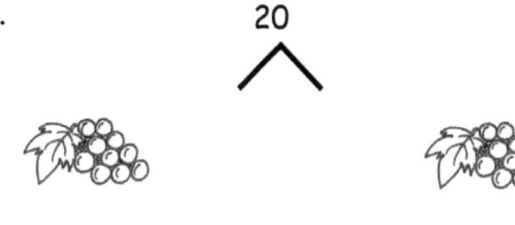

   ___个十 + ___个十 = ___个十

   _____

3.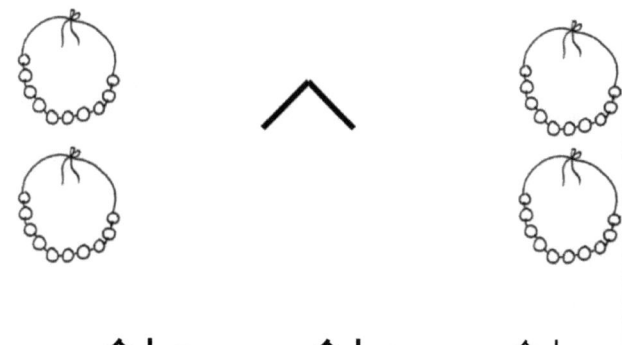

   ___个十 = ___个十 + ___个十

   _____

4.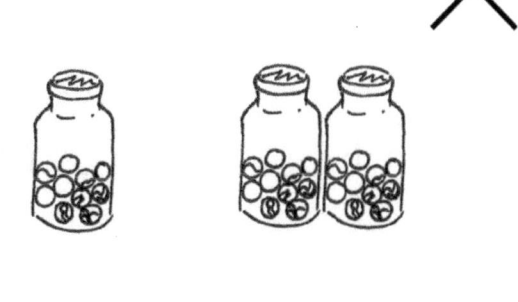

   ___个十 = ___个十 + ___十

   _____

第十一课: 从十的倍数中减去十。

5.

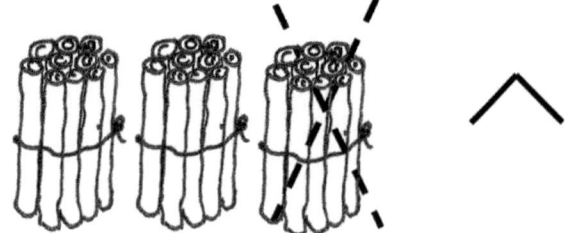

___ 个十 - ___ 个十 = ___ 个十

_____

6.

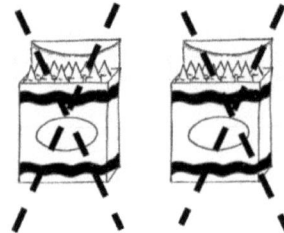

___ 个十 - ___ 个十 = ___ 个十

_____

7.

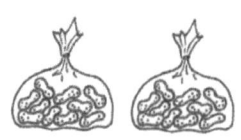 

___ 个十 + ___ 个十 = ___ 个十

8.

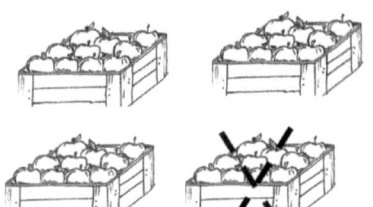

___ 个十 - ___ 个十 = ___ 个十

_____ + _____

9.

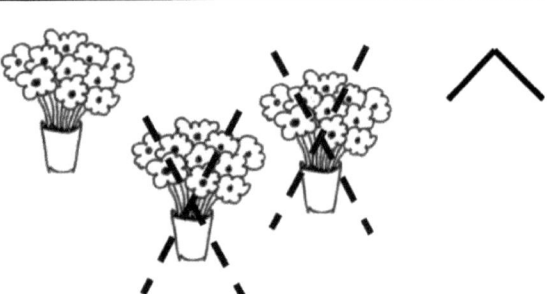

___ 个十 - ___ 个十 = ___ 个十

_____

10.

___ 十 - ___ 个十 = ___ 个十

_____

11. 填写缺少的数字。匹配相关加法和减法因数。

    a. 4个十 - 2个十 = _____   2个十 + 1个十 = 3个十

    b. 40 - 30 = _____   30 + 10 = 40

    c. 30 - 20 = _____   20 + 20 = 40

12. 写出缺少的数字。

    a. 20 + 20 = _____   b. 30 - 20 = _____   c. 10 + _____ = 40

    d. 20 - _____ = 0   e. 40 - _____ = 10   f. _____ + _____ = 30

第十一课: 从十的倍数中减去十。

单位的故事   第十一课退出票   1•4

姓名 _____ 日期 _____

完成数字键和数字算式。

1.

  20

1个十 + 1个十 = _____ 个十

_____ + _____ =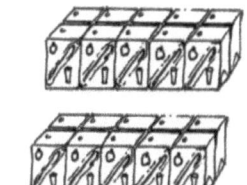

2.

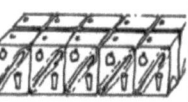

_____ 个十 = _____ 个十 + _____ 个十

_____ = _____ + _____

3.

_____ 个十 - _____ 十 = _____ 个十

_____ - _____ = _____

4.

_____ 个十 - _____ 个十 = _____ 个十

_____ - _____ = _____

第十一课: 从十的倍数中减去十。

单位的故事 第十一课模板 1•4

___〇___〇___

___+(位数)〇___+(位数)〇___+(位数)

___〇___〇___

数字链/数字算式集

第十一课： 从十的倍数中减去十。

读

托马斯有一盒回形针。他用其中的10个来衡量他的大部头书的长度。盒子里还有20个回形针。首先使用箭头的方式显示框中有多少个回形针。

画

第十二课： 将十和两位数字相加。

写
___
___
___

姓名 _____ 日期 _____

填写缺少的数字以匹配图片。写下匹配的数字链。

1.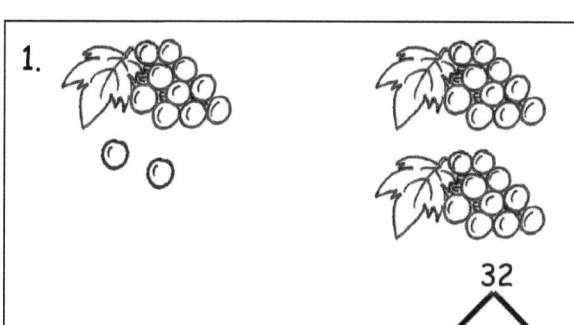

   12 + 20 = _____

2.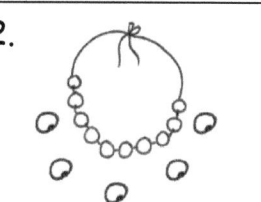

   15 + _____ = _____

3.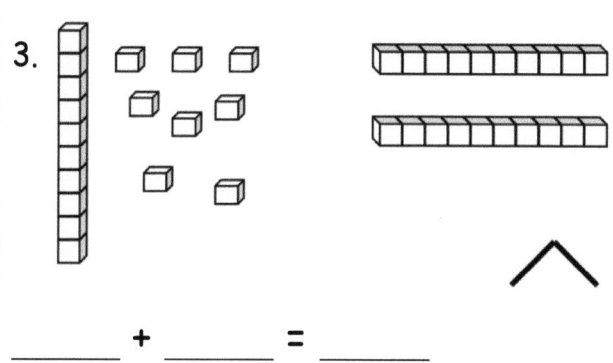

   _____ + _____ = _____

4.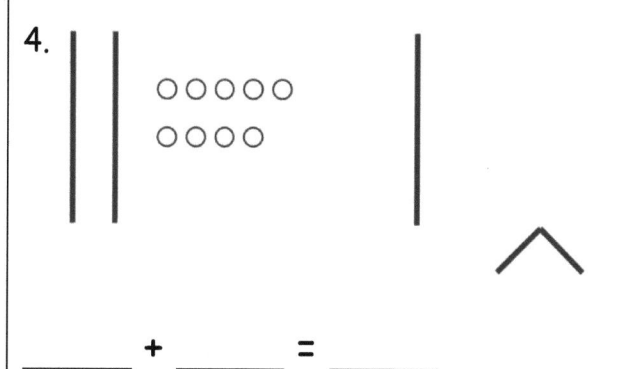

   _____ + _____ = _____

使用快速十和一绘图。完成数字链，然后将和写在数位表和数字算式中。

5. 19 + 10 = _____

十(位数)	个(位数)

6. 20 + 14 = _____

十(位数)	个(位数)

第十二课： 将十和两位数字相加。

使用箭头符号来求解。

7. 13 →(+10) ____

8. 19 →(+□) 39

9. ____ →(+10) 26

10. ____ →(+20) 38

使用角币和分币来完成位值图表和数字算式。

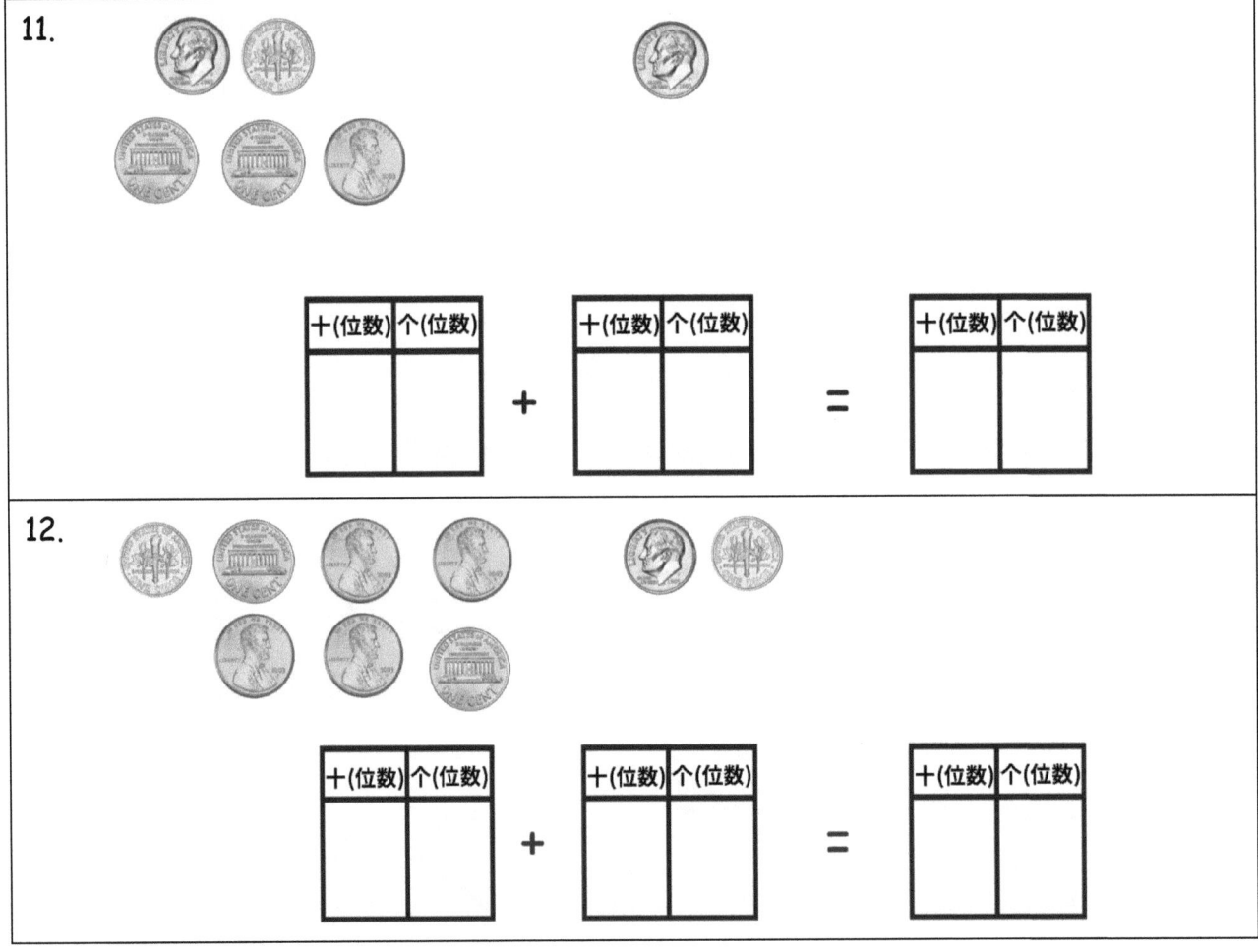

姓名 _____ 日期 _____

完成算式。使用快速的十，箭头方式或硬币来表达你的想法。

$$28 + 10 = \underline{}$$

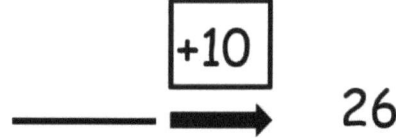

$$14 + 20 = \underline{}$$

第十二课： 将十和两位数字相加。

在读-画-写（RDW）时使用链接立方体来解题。

读

a. 艾米有一个带有4个蓝色立方体和2个红色立方体的连接立方体火车。她的火车上有多少个立方体？

b. 艾米用6个黄色立方体和一些绿色立方体制作了另一列火车。火车由9个链接立方体组成。她用了多少绿色立方体？

c. 艾米希望将她的9个链接立方体的火车变成15个立方体的火车。艾米还需要多少个立方体？

画

写

单位的故事

第十三课问题集 1•4

姓名 _____ 日期 _____

使用图片来完成位值图表和数字算式。对于习题5和6，绘制一个快速十图画以帮助求解。

1. 22 + 6 = _____

2. _____ + 3 = _____

3. 12 + _____ = _____

4. _____ + _____ = _____

5. 24 + 6 = _____

6. 24 + 3 = _____

第十三课： 在十的加法中使用计数和加十策略。

d 画快速十,一和数字键求解。完成数位表。

7. 21 + 9 = _____	8. 21 + 7 = _____
9. 13 + 7 = _____	10. 26 + 4 = _____
11. 32 + 3 = _____	12. 38 + 2 = _____

88　第十三课：　在十的加法中使用计数和加十策略。

单位的故事　　　　　　　　　　　　　　　　　　　　　　　　第十三课退出票　1•4

姓名 _____   日期 _____

填写位值图表，并写一个数字算式以匹配图片。

1.

十(位数)	个(位数)

_____ + _____ = _____

2.

十(位数)	个(位数)

_____ + _____ = _____

绘制快速十，一和数字链来求解。完成数位表。

3.

33 + 6 = _____

十(位数)	个(位数)

4.

23 + 7 = _____

十(位数)	个(位数)

第十三课：　　在十的加法中使用计数和加十策略。

使用链接立方体和RDW流程可以解决一个或多个习题。

读

a. 艾米有一个由7个立方体组成的链接立方体火车。她在火车上加了4个立方体。她的链接立方体火车中有多少个立方体？

b. 艾米又做了一个链接立方体火车。她从7个立方体开始并增加了一些立方体，直到她的火车长度是9个立方体。艾米添加了多少个立方体？

c. 艾米又做了一个链接立方体火车。它由8个链接立方体组成。她拆下一些立方体，然后她的火车是4个立方体长。艾米拆下了多少个立方体？

单位的故事

画

写

第十四课: 在十的加法中使用计数和加十策略。

姓名 _____ 日期 _____

使用图片或绘制快速十和一。完成数字算式和数位表。

1. 18 + 1 = _____

2. 18 + 2 = _____

3. 18 + 5 = _____

4. 29 + 1 = _____

5. 29 + 3 = _____

6. 29 + 6 = _____

7. 16 + 4 = _____

8. 16 + 6 = _____

9. 26 + 6 = _____

编写数字链来解题。用数字算式或箭头方式显示你的想法。完成数位表。

10. 17 + 2 = _____

十(位数)	个(位数)

11. 17 + 5 = _____

十(位数)	个(位数)

12. 25 + 4 = _____

十(位数)	个(位数)

13. 25 + 6 = _____

十(位数)	个(位数)

14. 34 + 4 = _____

十(位数)	个(位数)

15. 34 + 8 = _____

十(位数)	个(位数)

第十四课: 在十的加法中使用计数和加十策略。

单位的故事 第十四课退出票

姓名 _____ 日期 _____

绘制快速十和一。完成数字算式和位值图表。

1. 17 + 1 = _____

十(位数)	个(位数)

2. 17 + 3 = _____

十(位数)	个(位数)

3. 17 + 6 = _____

十(位数)	个(位数)

编写数字键来解题。用数字算式或箭头方式显示你的想法。完成位值图表。

4. 32 + 7 = _____

十(位数)	个(位数)

5. 26 + 9 = _____

十(位数)	个(位数)

第十四课: 在十的加法中使用计数和加十策略。

单位的故事　　　　　　　　　　　　　　　　　　　　　　　　　第十五课应用题　1•4

使用RDW流程解决一个或多个习题。

读

a. 艾米有一个由6个立方体组成的链接立方体火车。她在火车上加了3个立方体。她的链接立方体火车中有多少个立方体?

b. 艾米又做了一个链接立方体火车。她从7个立方体开始,然后再添加一些立方体,直到火车长12个立方体。艾米添加了多少个立方体?

c. 艾米又做了一个链接立方体火车。它由12个链接立方体组成。她拆下了一些立方体,然后她的火车长度是4个链接方体。艾米拆下了多少个立方体?

画

第十五课：　　使用一位数的总和来支持类似于40的总和的解决方案。

写

姓名 _____   日期 _____

解题。

1. 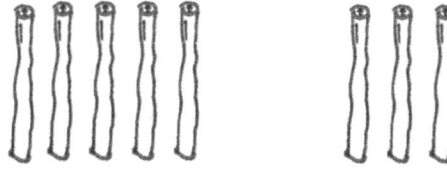 5 + 3 = _____

2. 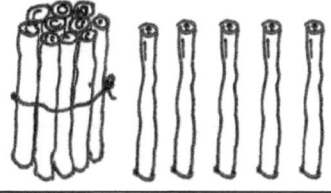 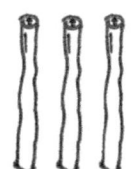 15 + 3 = _____

3. 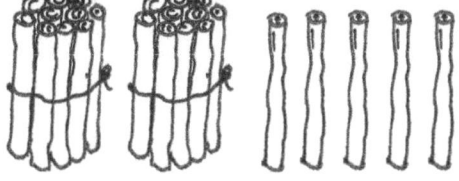 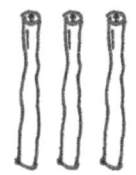 25 + 3 = _____

4. 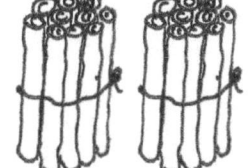 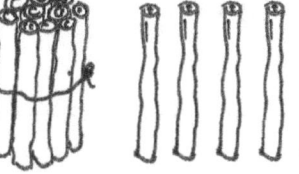 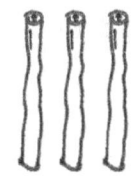 35 + 3 = _____

5.  8 + 4 = _____

6.  18 + 4 = _____

7.  28 + 4 = _____

8. 解题。

a. 6 + 2 = ____	b. 16 + 2 = ____	c. 26 + 2 = ____	d. 36 + 2 = ____
e. 6 + 4 = ____	f. 16 + 4 = ____	g. 26 + 4 = ____	h. 36 + 4 = ____
i. 9 + 2 = ____	j. 19 + 2 = ____	k. 29 + 2 = ____	
l. 8 + 6 = ____	m. 18 + 6 = ____	n. 28 + 6 = ____	

解题。显示帮助你求解的一位数加法算式。

9. 23 + 6 = _____

10. 27 + 6 = _____

姓名 _____   日期 _____

1. 解题。

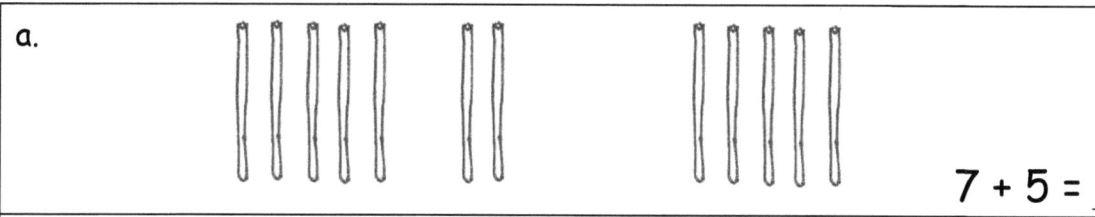

7 + 5 = _____

17 + 5 = _____

27 + 5 = _____

解题。

2. a. 5 + 3 = _____

   b. 15 + 3 = _____

   c. 25 + 3 = _____

   d. 35 + 3 = _____

3. a. 5 + 8 = _____

   b. 15 + 8 = _____

   c. 25 + 8 = _____

单位的故事 | 第十六课应用题

使用RDW过程可以求解一个或多个习题,而无需使用链接立方体。

读

a. 艾米有一个链接立方体的火车,里面有14个蓝色立方体和2个红色立方体。她的火车上有多少个立方体?

b. 艾米用16个黄色立方体和一些绿色立方体制成了另一列火车。火车由19个链接立方体组成。她用了多少个绿色立方体?

c. 艾米希望将她的8个链接立方体火车变成一个17个立方体的火车。艾米还需要多少个立方体?

画

第十六课: 个位和个位或十位和十位的加法。

写

第十六课: 个位和个位或十位和十位的加法。

姓名 _____ 日期 _____

绘制快速十和一来帮助求解加法题。

1. 16 + 3 = ____	2. 17 + 3 = ____
3. 18 + 20 = ____	4. 31 + 8 = ____
5. 3 + 14 = ____	6. 6 + 30 = ____
7. 23 + 7 = ____	8. 17 + 3 = ____

第十六课: 　　个位和个位或十位和十位的加法。

与合作伙伴一起，使用快速十图形，数字键或箭头方式尝试更多习题。

9. 32 + 7 = _____

10. 13 + 20 = _____

11. 6 + 34 = _____

12. 4 + 36 = _____

13. 20 + 18 = _____

14. 14 + 20 = _____

15. 画角币和分币以帮助求解加法题。

a. 16 + 20 = _____

b. 22 + 7 = _____

姓名 _____ 日期 _____

使用快速十图形求解以展示你的解题方法。

| 1. 24 + 5 | 2. 14 + 20 |

画数字键求解。

| 3. 19 + 20 | 4. 36 + 3 |

5. 画角币和分币以帮助求解加法题。

13 + 20

第十六课： 个位和个位或十位和十位的加法。

107

单位的故事　　　　　　　　　　　　　　　　　　　　　第十七课应用题　1•4

使用RDW流程解决一个或多个习题。

读

a. 本有7条鱼。他在商店买了4条鱼。本有几条鱼？

b. 玛丽亚今天早上鱼缸里养了7条鱼。她又买了一些鱼，现在有9条。她买了几条鱼？

c. 安东有8条鱼。一些鱼死了，现在安东有4条鱼。有几条鱼死亡？

画

第十七课：　个位和个位或十位和十位的加法。

写

姓名 _____ 日期 _____

通过绘制快速十和一或数字键来解题。

1.	25 + 1 = _____	2.	25 + 10 = _____
3.	15 + 4 = _____	4.	15 + 20 = _____
5.	16 + 7 = _____	6.	26 + 7 = _____
7.	23 + 7 = _____	8.	33 + 7 = _____

第十七课: 个位和个位或十位和十位的加法。

9. 16 + 20 = ____	10. 6 + 24 = ____

11. 与伙伴尝试更多习题。使用个人白板来帮助求解。

   a. 4 + 26   b. 28 + 4

   c. 32 + 7   d. 20 + 18

   e. 9 + 23   f. 9 + 27

选择使用快速十求解的习题，并准备进行讨论。

选择使用数字键求解的习题，并准备进行讨论。

姓名 _____ 日期 _____

使用快速十图形或数字键求出总数。

1.　　17 + 8 = _____	2.　　28 + 7 = _____
3.　　24 + 10 = _____	4.　　19 + 20 = _____

第十七课： 个位和个位或十位和十位的加法。

读

a. 一些鸭子在池塘里。有4只小鸭子加入其中。现在,池塘里有6只鸭子。一开始池塘里有几只鸭子?

b. 一些青蛙在池塘里。三只跳了出来,现在池塘里有5只青蛙。一开始池塘里有几只青蛙?

画

写

姓名 _____ 日期 _____

1. 每个解决方案都缺少数字或部分图形。修复每个问题，使其准确完整。

$$13 + 8 = 21$$

a.
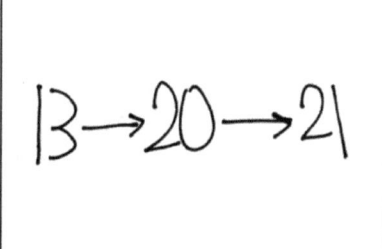

b.
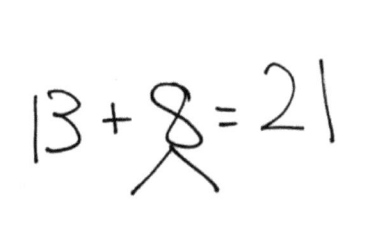

c.
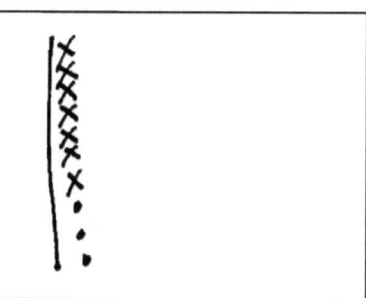

2. 圈出正确求解加法题的学生作业。

$$16 + 5$$

a.
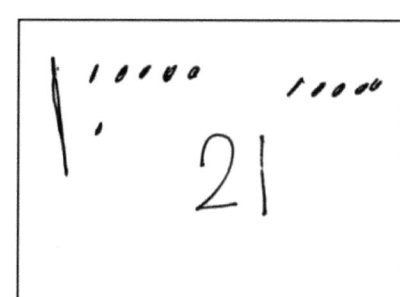

b.
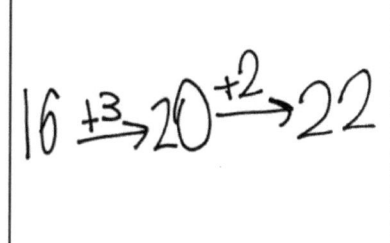

c.

d. 通过在下面的空格中用匹配的数字算式构成新的解题方法来修正不正确的解题方法。

3. 圈出正确求解加法题的学生作业。

$$13 + 20$$

a.

b.
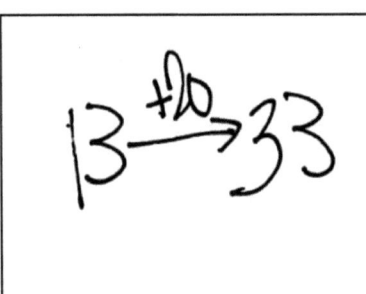

c.
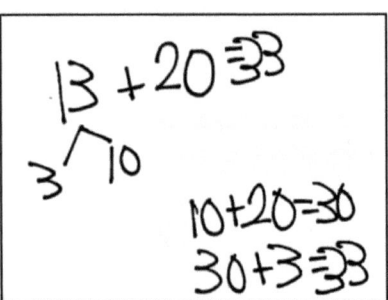

d. 通过在下面的绘制新图形用匹配的数字算式来修正不正确的解题方法。

4. 使用快速十，箭头方式或数字链求解。

$$17 + 5 = \underline{}$$

与你的伙伴分享。讨论为什么选择这样的做法。

单位的故事　　　　　　　　　　　　　　　　　　　　　　　　第十八课 退出票　1·4

姓名 _____　　　日期 _____

圈出正确求解加法题的解题方法。

$$17 + 9$$

a.
17 + 9
　3 ∧ 6
17 + 3 = 20
20 + 6 = 26

b.
17 + 9
20 + 5 = 25

c.
17 + 9
17 →⁺³ 20 →⁺⁶ 26

d. 通过在下面的空格中绘制信徒下用匹配的数字算式来修复不正确的解题方法。

第十八课：分享并评论两位数相加的对等策略。

姓名 _____ 日期 _____

读文字题。
绘制带形图并标记。
写一个算式和一个陈述以匹配故事。

1. 李在他的花园里看到6个西葫芦和7个南瓜。他在花园里种了多少蔬菜?

   李种了 _____ 棵蔬菜。

2. 凯安娜抓了6只蜥蜴。她的兄弟抓了6条蛇。他们总共有几只爬行动物?

   凯安娜和她的兄弟看到了 _____ 爬虫类。

3. 安东队在场上有12个足球,在教练的包里有3个足球。安东队有几个足球?

   安东队有足球。

4. 艾米有13个朋友来共进晚餐。还有4个朋友来吃蛋糕。有多少朋友来到艾米的家？

_____ 个朋友。

5. 6名成人和12名儿童在湖中游泳。多少人在湖里游泳？

_____ 个人在湖里游泳。

6. 罗斯有一个花瓶，上面放着13朵花。她在花瓶里再放了7朵花。花瓶里有几朵花？

花瓶里有 _____ 朵花。

姓名 _____   日期 _____

读文字题。
画带形图并标记。
写一个算式和一个陈述以匹配故事。

彼得在花园里数了14只瓢虫，李在花园外数了6只瓢虫。他们总共数了多少只瓢虫？

他们数了 _____ 只瓢虫。

姓名 _____ 日期 _____

读文字题。
画带形图并标记。
写一个算式和一个陈述以匹配故事。

1. 9只狗在公园玩耍。还有更多的狗来到公园。然后，有11条狗。另外有多少条狗来公园了？

   另外有 _____ 条狗来公园了。

2. 彼得和胡里奥在篮子里放了16颗草莓。彼得吃了其中的8颗。胡里奥可以吃多少？

   胡里奥可以吃 _____ 颗草莓。

3. 过山车上有13个孩子。3位成人在过山车上。过山车上有多少人？

   过山车上有 _____ 人。

4. 现在有13人在过山车上。过山车上有3位成人，其余为小孩。过山车上有几个v？

　　　　　　　　　　　　　　　　　　过山车上有 _____ 个小孩。

5. 本在这个月的早晨有6次棒球练习。如果本在下午也有6次练习，那么本有多少次棒球练习？

　　　　　　　　　　　　　　　　　　本有 _____ 次棒球练习。

6. 塔姆拉的手镯上有一些黄色的珠子。她在手镯上放了14颗紫色珠子后，有18颗珠子。最初，塔姆拉的手镯有多少颗黄色珠子？

　　　　　　　　　　　　　　　　　　塔姆拉的手镯有 _____ 颗黄色珠子。

姓名 _____   日期 _____

读文字题。
画带形图并标记。
写一个算式和一个陈述以匹配
故事。

水箱里有6只乌龟。爸爸又买了些乌龟。现在，有12只海龟。爸爸买了几只乌龟？

爸爸买了 _____ 只海龟。

姓名 _____ 日期 _____

读文字题。
画带形图并标记。
写一个算式和一个陈述以匹配故事。

1. 罗斯画了7张图画，威利画了11张图画。他们总共画了几张图画？

   他们画了 _____ 张图画。

2. 达内尔步行7分钟到李的家。然后，他去了公园。达内尔一共走了18分钟。达内尔到公园花了几分钟？

   达纳尔花了 _____ 分钟到达公园。

3. 艾米有一些金鱼。塔姆拉有14条斗鱼。塔姆拉和埃米共有19条鱼。艾米有几条金鱼？

   艾米有 _____ 条金鱼。

4. 珊妮卡使用14块积木建造了一座积木塔楼。然后，她又向塔楼添加了4块积木。塔中现在有几块积木？

塔中有 _____ 块积木。

5. 妮基的塔楼高15块积木。他在塔上增加了一些积木。他的塔现在高18块积木。尼基加了几块？

尼基加了 _____ 块积木。

6. 本和彼得抓到了17只蝌蚪。他们给了安东一些。他们还剩下4只蝌蚪。他们给了安东多少只蝌蚪？

他们给了安东 _____ 只蝌蚪。

姓名 _____ 日期 _____

读文字题。
画带形图并标记。
写一个算式和一个陈述以匹配故事。

珊妮卡星期一读了几页书。在星期二，她读了6页。在这两天里，她阅读了13页。她星期一读了几页？

珊妮卡一星期读了 _____ 页。

姓名 _____ 日期 _____

使用带形图编写各种文字题。如果需要，请使用词库。编写故事后，请记住标记模型。

主题（名词）		
花卉	金鱼	蜥蜴
贴纸	火箭	汽车
青蛙	饼干	弹珠

动作（动词）		
隐藏	吃	走开
给	画	得到
收集	建立	玩

1.

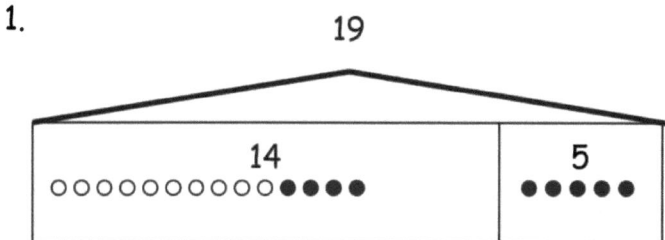

2.

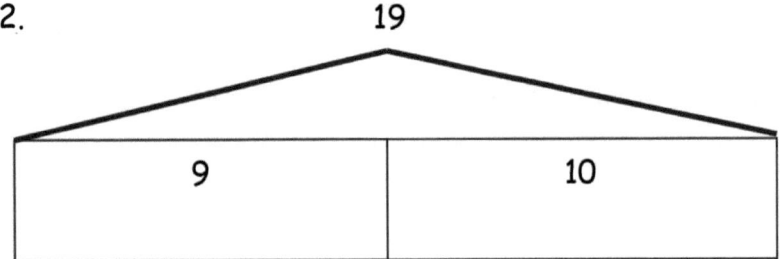

3.

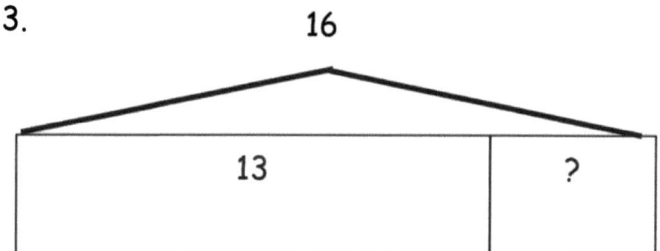

4.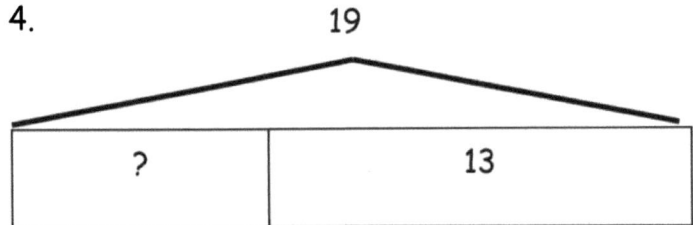

姓名 _____　　日期 _____

圈出与带形图匹配的2个故事题。

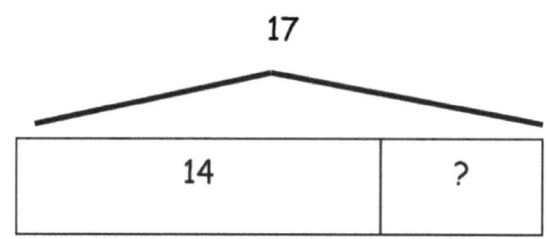

a. 野餐毯子上有14只蚂蚁。然后，更多的蚂蚁过来了。现在，野餐毯子上有17只蚂蚁。过来了多少只蚂蚁？

b. 一堂课有14个孩子在操场上。然后，另一班的17个孩子来到操场。现在有几个孩子在操场上？

c. 盘子上有17颗葡萄。威利吃了14颗葡萄。盘子里现在有几颗葡萄？

读

金拿起十支散落的铅笔,放在杯子里。本把1包10支铅笔也放入了杯子。杯子里现在有几支铅笔?

画

写

第二十三课: 将两位数字理解为十位数和个位数,包括大于9的情况。

姓名 _____   日期 _____

1. 填空,并匹配显示相同数量的数字对。

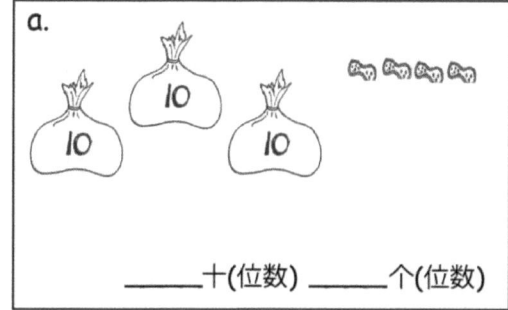

_____ 十(位数) _____ 个(位数)

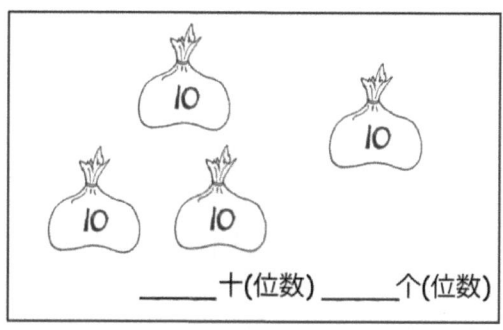

_____ 十(位数) _____ 个(位数)

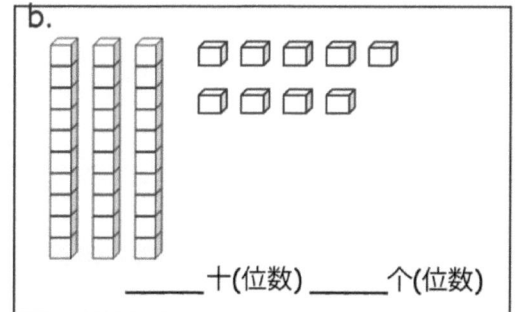

_____ 十(位数) _____ 个(位数)

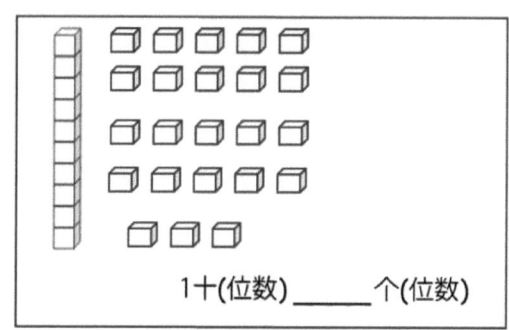

1 十(位数) _____ 个(位数)

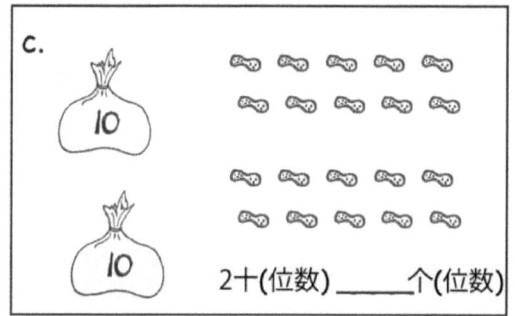

2 十(位数) _____ 个(位数)

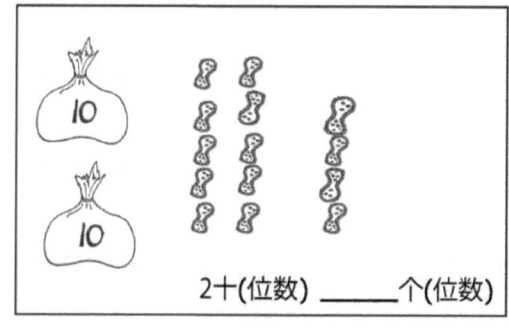

2 十(位数) _____ 个(位数)

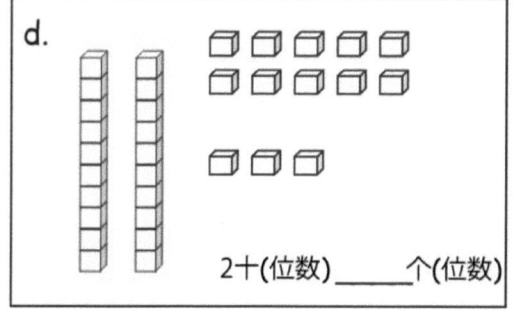

2 十(位数) _____ 个(位数)

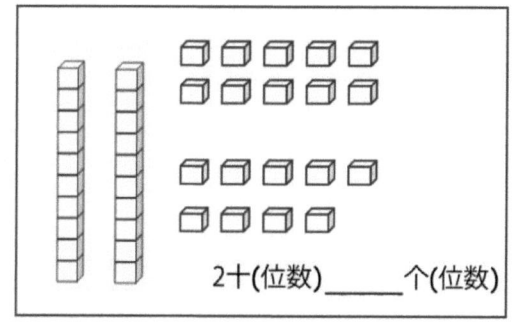

2 十(位数) _____ 个(位数)

2. 匹配显示相同金额的位值图表。

a.
十(位数)	个(位数)
2	2

十(位数)	个(位数)
3	6

b.
十(位数)	个(位数)
2	16

十(位数)	个(位数)
3	4

c.
十(位数)	个(位数)
2	14

十(位数)	个(位数)
1	12

3. 检查每个句子是否正确。

☐ a. 27和1个十17个一相同。

☐ b. 33和2个十13个一相同。

☐ c. 37与2个十17个一相同。

☐ d. 29和1个十19个一相同。

4. 李说35等于2个十15个一，玛丽亚说35等于1个十25个一。画出快速十，以显示李或玛丽亚是正确的。

姓名 _____   日期 _____

1. 匹配显示相同金额的位值图表。

   a. | 十(位数) | 个(位数) | | 十(位数) | 个(位数) |
       | 2 | 12 | | 2 | 16 |

   b. | 十(位数) | 个(位数) | | 十(位数) | 个(位数) |
       | 2 | 8 | | 1 | 18 |

   c. | 十(位数) | 个(位数) | | 十(位数) | 个(位数) |
       | 3 | 6 | | 3 | 2 |

2. 塔姆拉说24等于1个十14个一，而威利说24等于2个十14个一。画出快速十显示塔姆啦或威利是否正确。

读

一条狗在他的狗窝后面藏了11块骨头。后来,他的主人又给了他5块骨头。这只狗现在有几块骨头?

扩展: 所有骨头都是棕色或白色的。棕色和白色骨头的数量相同。这只狗有几根棕色的骨头?

画

写

_____

_____

_____

第二十四课: 当个位数的和小于或等于10时,添加一对两位数字。

单位的故事

第二十四课问题集 1•4

姓名 _____   日期 _____

1. 使用数字链求解。写出两个数字算式,表示先加了十。如果有帮助,画出快速十和一。

a.
14 + 13 = ____
    /\
   10 3

14 + 10 = 24

24 + 3 = 27

b.
13 + 24 = ____
    /\
   10 3

24 + 10 = ____

____ + 3 = ____

c.
16 + 13 = ____
    /\
   10 3

16 + 10 = ____

____ + 3 = ____

d.
13 + 26 = ____
    /\
   10 3

26 + 10 = ____

____ + ____ = ____

e.
15 + 15 = ____
    /\
   10 5

____ + ____ = ____

____ + ____ = ____

f.
15 + 25 = ____
    /\

____ + ____ = ____

____ + ____ = ____

第二十四课: 当个位数的和小于或等于10时,添加一对两位数字。

147

2. 使用数字链或箭头方式求解。(a)部分已为你开始了。

a. 15 + 13 = _____ （10 3）	b. 14 + 23 = _____
c. 16 + 14 = _____	d. 14 + 26 = _____
e. 21 + 17 = _____	f. 17 + 23 = _____
g. 21 + 18 = _____	h. 18 + 12 = _____

单位的故事　　　　　　　第二十四课退出票　　1•4

姓名 _____　　　　日期 _____

使用数字链求解。写出两个数字算式,表示你先加了十。

1.　13 + 26 =

_____ + _____ = _____

_____ + _____ = _____

2.　19 + 21 =

_____ + _____ = _____

_____ + _____ = _____

第二十四课：　当个位数的和小于或等于10时,添加一对两位数字。

149

读

花栗鼠在树下藏了11个橡子。后来,它把5颗橡子给了它的朋友。花栗鼠有多少橡子?

扩展: 开始松鼠的橡子数量是花栗鼠的两倍。松鼠有多少橡子?

画

写

_____

_____

_____

第二十五课: 当个位数的和小于或等于10时,添加一对两位数字。

单位的故事

第二十五课问题集 1•4

姓名 _____ 日期 _____

1. 使用数字链求解。这次，先加十。写下两个数字算式以显示你的解题方法。

a. 11 + 14 = _____

b. 21 + 14 = _____

c. 14 + 15 = _____

d. 26 + 14 = _____

e. 26 + 13 = _____

f. 13 + 24 = _____

第二十五课： 当个位数的和小于或等于10时，添加一对两位数字。

153

单位的故事 第二十五课问题集 1•4

2. 使用数字链求解。这次，先加一。写下两个数字算式以显示你的解题方法。

a. 29 + 11 = _____	b. 17 + 13 = _____
c. 14 + 16 = _____	d. 26 + 13 = _____
e. 28 + 11 = _____	f. 12 + 27 = _____
g. 18 + 12 = _____	h. 22 + 18 = _____

第二十五课： 当个位数的和小于或等于10时，添加一对两位数字。

单位的故事　　　　　　　　　　　　　　　　　　　　　　　第二十五课退出票　　1•4

姓名 _____　　日期 _____

使用数字链求解。写下两个数字算式以记录你的解题方法。

a. 　　　12 + 27 = _____	b. 　　　21 + 19 = _____

第二十五课：　当个位数的和小于或等于10时,添加一对两位数字。

读

二月下雪7天，三月下雪天数相同。那两个月下雪了几天？

扩展： 一月下雪了三天。所有三个月下雪了几天？二月比一月下雪多多少天？

画

写
_____

_____

_____

姓名 _____ 日期 _____

1. 使用数字链先加十求解。写下另外两个对你有帮助的算式。

a. 18 + 14 = ____ 　　∧ 　10　4 　　18 + 10 = 28 　　28 + 4 = 32	b. 14 + 17 = ____ 　　∧ 　10　4 　　17 + 10 = 27 　　27 + 4 = 31
c. 19 + 15 = ____ 　　∧ 　10　5 　　19 + 10 = ____ 　　____ + 5 = ____	d. 18 + 15 = ____ 　　∧ 　10　5 　　18 + 10 = ____ 　　____ + 5 = ____
e. 19 + 13 = ____ 　　∧ 　10　3 　　19 + 10 = ____ 　　____ + ____ = ____	f. 19 + 16 = ____ 　　∧ 　10　6 　　19 + 10 = ____ 　　____ + ____ = ____

第二十六课： 当个位数的和大于10时，添加一对两位数字。

2. 使用数字链先得到十求解。写下对你有帮助的2个数字算式。

a.
19 + 14 = _____
∧
1   13

19 + 1 = 20

20 + 13 = 33

b.
18 + 13 = _____
∧
2   11

18 + 2 = 20

20 + 11 = 31

c.
18 + 14 = _____
∧
2   12

18 + 2 = _____

20 + 12 = _____

d.
18 + 16 = _____
∧
2   14

18 + 2 = _____

_____ + 14 = _____

e.
15 + 17 = _____
∧
12   3

_____ + 3 = _____

_____ + 12 = _____

f.
17 + 18 = _____
∧
15   2

_____ + _____ = _____

_____ + _____ = _____

姓名 _____ 日期 _____

1. 使用数字链先加十求解。写下对你有帮助的2个数字算式。

   a. 15 + 19 = _____
      ∧

      ____ + ____ = ____

      ____ + ____ = ____

   b. 19 + 17 = _____
      ∧

      ____ + ____ = ____

      ____ + ____ = ____

2. 使用数字链得到十求解。写下对你有帮助的2个数字算式。

   a. 15 + 19 = _____
      ∧

      ____ + ____ = ____

      ____ + ____ = ____

   b. 19 + 17 = _____
      ∧

      ____ + ____ = ____

      ____ + ____ = ____

第二十六课： 当个位数的和大于10时，添加一对两位数字。

单位的故事 | 第 27 课应用问题 | 1•4

读

在冬季有4个不同的日子下雪。在某些日子里，我们必须待在家里。有9个下雪天我们不得不上学。我们在家待了几天？

扩展： 与我们在家呆着相比，上学时下雪多了多少天？

画

第 27 课： 当个位数的和大于10时，添加一对两位数字。

单位的故事

写

第 27 课: 当个位数的和大于10时,添加一对两位数字。

单位的故事　　　　　　　　　　　　　　　　　　　第二十七课问题集　1•4

姓名 _____　　　　日期 _____

1. 使用带有数字算式对的数字链来求解。您可以画出快速十和数个一帮助你。

a. 19 + 12 = _____	b. 18 + 12 = _____
c. 19 + 13 = _____	d. 18 + 14 = _____
e. 17 + 14 = _____	f. 17 + 17 = _____
g. 18 + 17 = _____	h. 18 + 19 =

第二十七课：　当个位数的和大于10时，添加一对两位数字。

165

单位的故事 第二十七课问题集 1•4

2. 解题。您可以画出快速十和数个一帮助你。

a. 19 + 12 = _____	b. 18 + 13 = _____
c. 19 + 13 = _____	d. 18 + 15 = _____
e. 19 + 16 = _____	f. 15 + 17 = _____
g. 19 + 19 = _____	h. 18 + 18 = _____

单位的故事　　　　　　　　　　　　　　　　　　　　　　　第二十七课退出票　1•4

姓名 _____　　　**日期** _____

使用带有数字算式对的数字链来求解。您可以画出快速十和数个一帮助你。

a. 16 + 15 = _____	b. 17 + 13 = _____
c. 16 + 16 = _____	d. 17 +15 = _____

第二十七课：　当个位数的和大于10时，添加一对两位数字。

读

安东在桌子上放着蜡笔。他的老师又给了他2支。当他数完所有蜡笔时,他有16支蜡笔。安东最初在桌上放了几支蜡笔?

画

第二十八课: 加上个位数之和不同的一对两位数。

写

单位的故事 第二十八课问题集 1•4

姓名 _____   日期 _____

1. 使用快速十图形,数字键或箭头方式求解。如果你得到了一个新的十,请检查矩形。

a. 23 + 12 = _____	b. 15 + 15 = _____
c. 19 + 21 = _____	d. 17 + 12 = _____
e. 27 + 13 = _____	f. 17 + 16 = _____

第二十八课: 加上个位数之和不同的一对两位数。

171

2. 使用快速十图形，数字链或箭头方式求解。

a. 15 + 13 = _____	b. 25 + 13 = _____
c. 24 + 14 = _____	d. 25 + 15 = _____
e. 18 + 14 = _____	f. 18 + 18 = _____
g. 24 + 16 = _____	h. 17 + 18 = _____

第二十八课： 加上个位数之和不同的一对两位数。

单位的故事 第二十八课退出票 1•4

姓名 _____ 日期 _____

使用快速十和一，数字链或箭头方式求解。

a. 12 + 16 = _____	b. 26 + 14 = _____
c. 18 + 16 = _____	d. 19 + 17 = _____

第二十八课： 加上个位数之和不同的一对两位数。

读

琦安娜的朋友又给了她3张贴纸。现在,琦安娜有16个贴纸。琦安娜已经有多少张贴纸?

画

写

_____

_____

_____

第 29 课: 加上个位数之和不同的一对两位数。

姓名 _____ 日期 _____

1. 使用快速十图形,数字链或箭头方式求解。

a. 13 + 12 = _____

b. 23 + 12 = _____

c. 13 + 16 = _____

d. 23 + 16 = _____

e. 13 + 27 = _____

f. 17 + 16 = _____

g. 14 + 18 = _____

h. 18 + 17 = _____

第二十九课: 加上个位数之和不同的一对两位数。

单位的故事 第二十九课问题集 1·4

2. 使用快速十图形,数字链或箭头方式求解。做好准备讨论你在汇报期间如何求解。

a. 17 + 11 = _____	b. 17 + 21 = _____
c. 27 + 13 = _____	d. 17 + 14 = _____
e. 13 + 26 = _____	f. 17 + 17 = _____
g. 18 + 15 = _____	h. 16 + 17 =

第二十九课: 加上个位数之和不同的一对两位数。

姓名 _____   日期 _____

使用快速十图形,数字链或箭头方式求解。

a.　　18 + 14 = _____	b.　　14 + 23 = _____
c.　　28 + 12 = _____	d.　　19 + 21 = _____

第二十九课：　加上个位数之和不同的一对两位数。

1年级

模块5

读

今天,每个人都将获得7根吸管在我们的课程中使用。稍后,你将一起使用你的和伙伴的吸管。当你的和伙伴的吸管放在一起时,你们将有多少根吸管使用?

画

写

姓名 _____ 日期 _____

1. 圈出具有5个直边的形状。

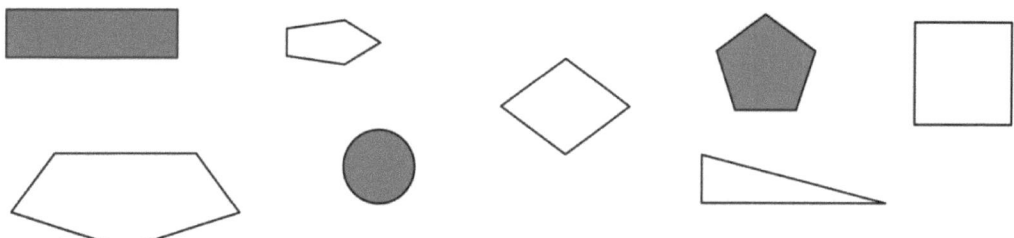

2. 圈出没有直边的形状。

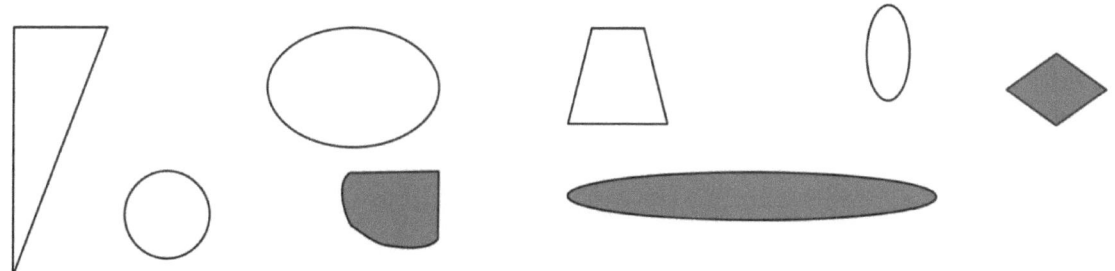

3. 圈出每个角都是直角的形状。

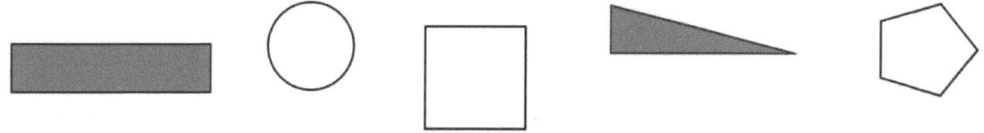

4. a. 绘制具有3条直线的形状。

   b. 再绘制一个具有3条直边的形状，形状不同于 4(a) 和上面提到的形状。

第一课： 根据使用例题，变量和非例题定义的属性对形状进行分类。

5. A组中所有形状的哪些属性或特征相同?

A组

 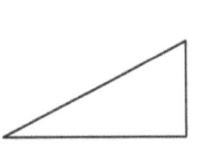  

他们都_____○

他们都_____○

6. 圈出最适合A组的形状。

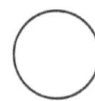  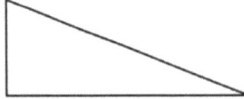 

7. 再画2种适合A组的形状。	8. 画出1种**不**适合A组的形状。

单位的故事　　　　第一课课堂反馈条

姓名 _____　　日期 _____

1. 以下每个形状有几个角和直边？

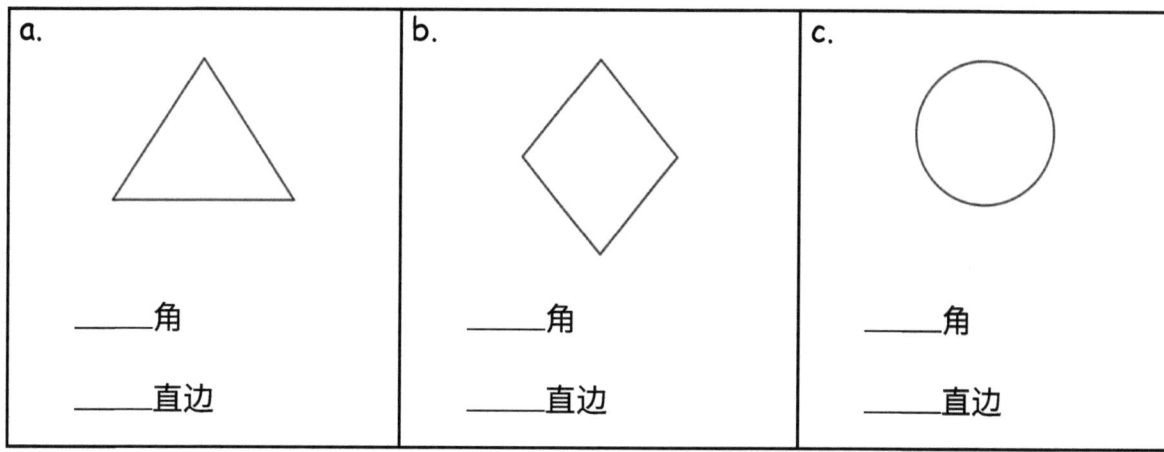

a. ____角　____直边

b. ____角　____直边

c. ____角　____直边

2. 查看每行中形状的边和角。

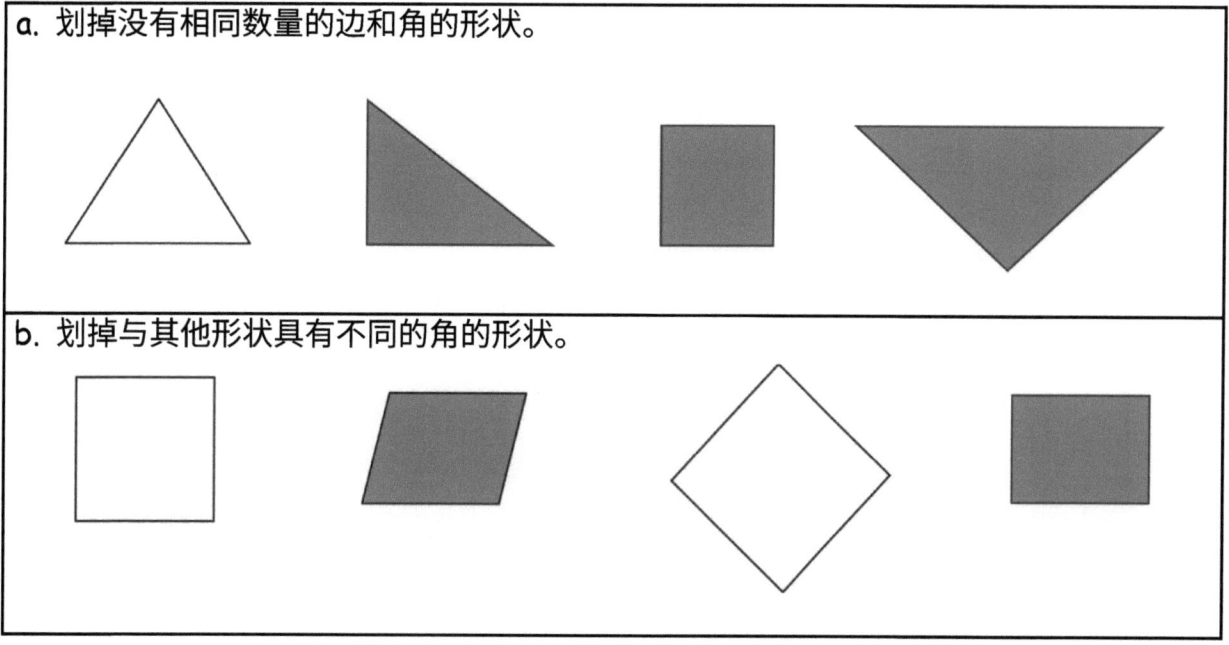

a. 划掉没有相同数量的边和角的形状。

b. 划掉与其他形状具有不同的角的形状。

第一课：根据使用例题，变量和非例题定义的属性对形状进行分类。

单位的故事 第二课应用题 1•5

读

李有9根吸管。他用4根吸管制作形状。他还剩下几根吸管来制作其他形状？

扩展： 李可以创建哪些可能的形状？绘制李可能使用4根吸管制作的不同形状。标记任何你知道其名称的形状。

画

第二课： 根据定义的边和角的属性，求出并命名包括梯形，菱形和正方形的二维形状作为特殊矩形。

写

姓名 _____   日期 _____

1. 使用键为形状着色。写下图片中每种形状的数量。在你解题时低声说出形状的名称。

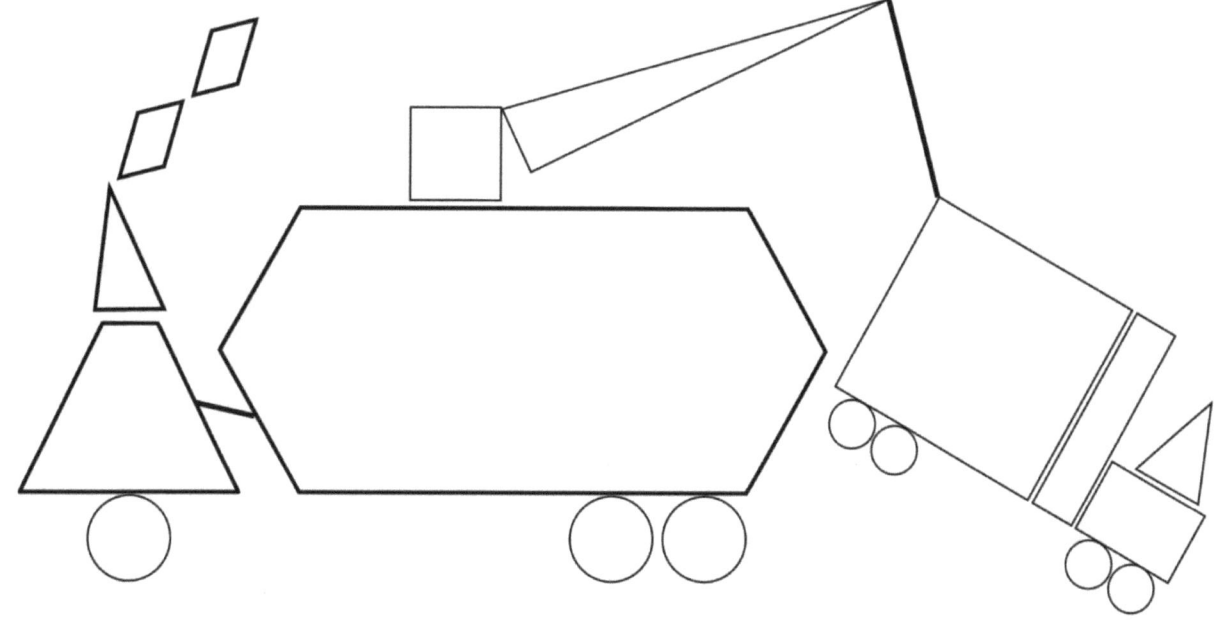

a. 红色—4边形：_____

b. 绿色—3边形：_____

c. 黄色—5边形：_____

d. 黑色—6边形：_____

e. 蓝色—无角形状：_____

2. 圈出矩形形状。

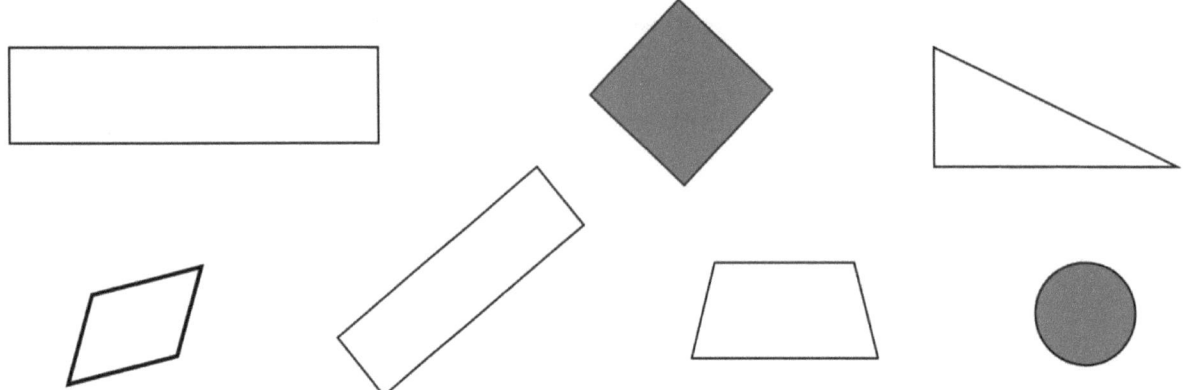

3. 形状是矩形吗？解释你的想法。

a.

b.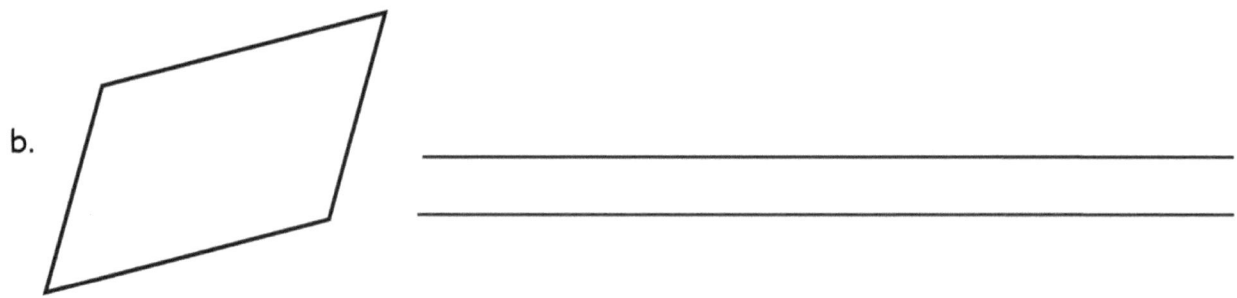

单位的故事　　　　　　　　　　　　　　　　　　　　　　　　第二课课堂反馈条　　1•5

姓名 _____　　日期 _____

写下每个形状具有的角和边的数量。然后,将形状匹配到其名称。请记住,某些特殊形状可能具有多个名称。

1.　○
　　___角
　　___直边

2.　▽
　　___角
　　___直边

3.　⬡
　　___角
　　___直边

4.　□
　　___角
　　___直边

三角形

圆

矩形

六边形

正方形

菱形

第二课：　根据定义的边和角的属性,求出并命名包括梯形,菱形和正方形的二维形状作为特殊矩形。

193

读

罗斯画了6个三角形。玛丽亚画了7个三角形。玛丽亚比罗斯多了多少个三角形？

画

写

_____

_____

_____

单位的故事　　　　　　　　　　　　　　　　　　　　　　　第三课习题集　1•5

姓名 _____　　日期 _____

1. 在前四个对象上,将一个平面涂成红色。将每个3维形状与其名称匹配。

   a.　　　　　●　　　　　　　　　　　　長方柱

   b.　　　　　●　　　　　　　　　　　　圆锥体

   c.　　　　　●　　　　　　　　　　　　球体

   d.　　　　　●　　　　　　　　　　　　圆柱体

   e.　　　　　●　　　　　　　　　　　　立方体

第三课：　根据定义的面和点的属性,求出并命名包括圆锥形和长方柱的三维形状。

197

2. 在正确的列中写入每个对象的名称。

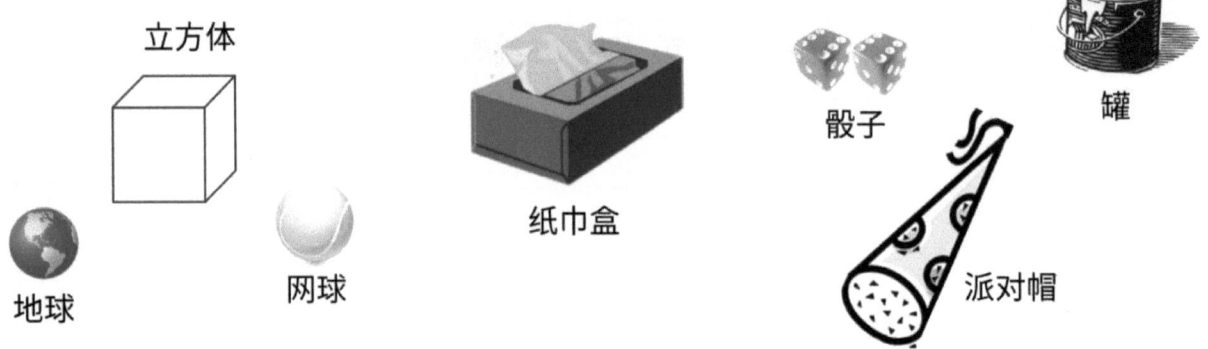

立方体	球体	圆锥体	长方柱	圆柱

3. 圈出描述所有球体的属性。

没有直边　　　　　　　　　圆的

可以滚动　　　　　　　　　　　　可以反弹

4. 圈出描述所有立方体的属性。

正方形面　　　　　　　　　红色的

牢固的　　　　　　　　　　有6个面

单位的故事　　　　　　　　　　　　　　　　　　　　　　第三课课堂反馈条

姓名 _____　　日期 _____

圈选正确或错误。写一个算式来解释你的答案。如果需要，请使用词库。

词库		
面	圈出	正方形
边	矩形	点

1.

   这可以是一个圆柱体。　　　　　　　　对或错

2.

   这个果汁盒是一个立方体。　　　　　　对或错

第三课： 根据定义的面和点的属性，求出并命名包括圆锥形和长方柱的三维形状。

单位的故事 第四课应用题 1•5

读

安东的塔为5个立方体高。本制作的塔高7个立方米。本的塔比安东的塔高多少?

画

写

_____

_____

_____

第四课: 从二维形状创建复合形状。

201

姓名 _____ 日期 _____

使用图案块创建以下形状。勾画或绘制以记录你的解题方法。

1. 使用3个三角形制作1个梯形。	2. 使用4个正方形制作1个大的正方形。
3. 使用6个三角形制作1个六角形。	4. 使用1个梯形,1个菱形和1个三角形来制作1个六角形。

第四课： 从二维形状创建复合形状。

5. 使用图案块中的正方形制作一个矩形。勾画正方形显示制作的矩形。

6. 你在这个矩形中看到多少个正方形？

在这个矩形中，我能找到 _____ 个正方形。

7. 使用图案块制作图片。勾画形状以显示所做的形状。告诉伙伴你使用了什么形状。你可以在图片中找到更大的形状吗？

单位的故事　　　　　　　　　　　　　　　　　　　　　　　第四课课堂反馈条　1•5

姓名 _____　　日期 _____

使用图案块创建以下形状。勾画或绘制以显示所做的形状。

1. 使用3个菱形制作一个六角形。	2. 使用1个六角形和3个三角形构成一个大三角形。

第四课：　　从二维形状创建复合形状。

205

单位的故事 | 第五课应用题 | 1·5

读

达内尔和塔姆拉正在比较他们的葡萄。达内尔的葡萄树有9颗葡萄。塔姆拉的葡萄树有6颗葡萄。达内尔的葡萄比塔姆拉多了多少？

画

写

_____

_____

_____

第五课： 由复合形状组成一个新形状。

姓名 _____　　　　日期 _____

1.
   a. 使用多少个形状来制作这个大正方形？

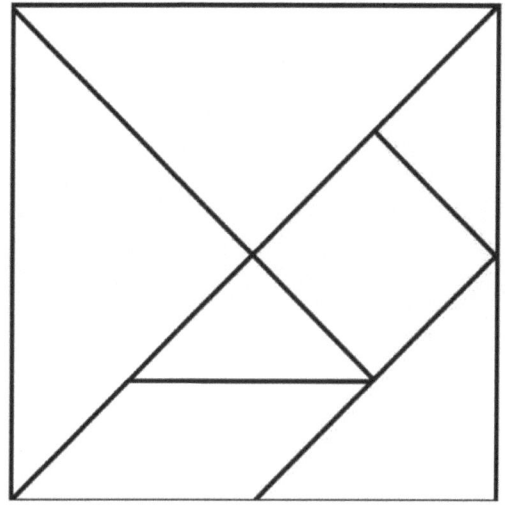

   有_____
   个形状在这个大正方形中。

   b. 用于制作大正方形的3种形状的名称是什么？

   _____　_____　_____

2. 用2个七巧板块做一个正方形。你使用了哪2块？绘画或勾画七巧板块以显示如何制作正方形。

3. 用4个七巧板块制作一个梯形。绘制或勾画七巧板块显示使用的形状。

4. 使用所有7块七巧板来完成拼图。

5. 与伙伴一起，用你所有的七巧板块制作鸟或花。绘图或勾画以在纸张背面显示使用的七巧板块。尝试看看你的七巧板块还可以制作其他什么对象。绘图或勾画以在纸的背面显示创建的内容。

姓名 _____   日期 _____

使用文字或绘图显示如何用3个较小的形状制作较大的形状。请记住在示例中使用形状的名称。

第五课： 由复合形状组成一个新形状。

单位的故事　　　　　　　　　　　　　　　　　　　　　　　第五课模板　1•5

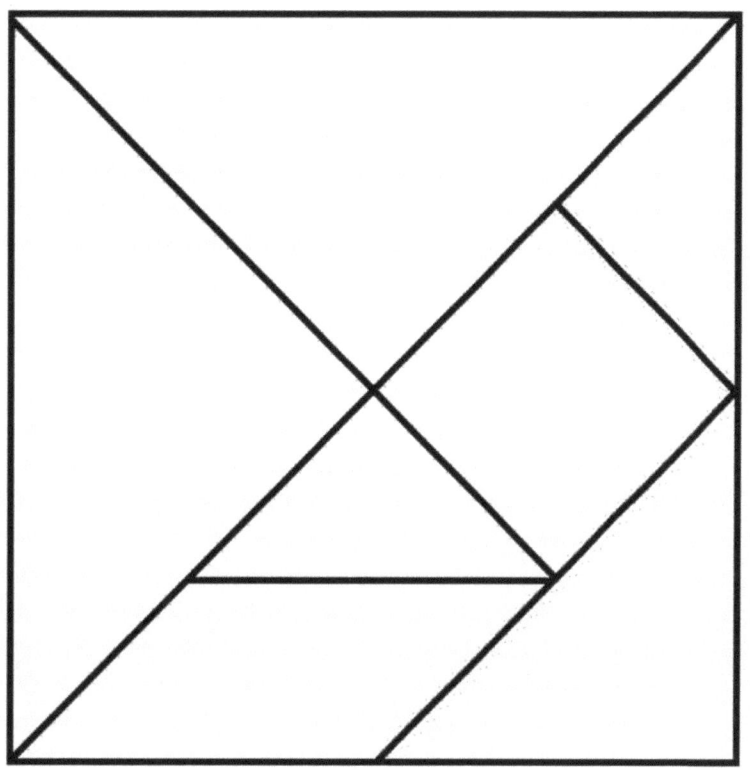

七巧板

第五课：　　由复合形状组成一个新形状。

读

艾米将四个黄色立方体排列成一行。弗兰将7个蓝色立方体排列成一行。谁的立方体较少?她的立方体少了多少?

画

写

_____

_____

_____

姓名 _____ 日期 _____

1. 与伙伴一起使用3维形状构建结构。可以选择任意数量的七巧板块。

2. 完成图表以记录用于构建结构的每种形状的数量。

立方体	
球体	
长方柱	
圆柱体	
圆锥体	

3. 你在结构底部使用了哪种形状？为什么？

4. 您是否选择了不使用的形状？为什么或者为什么不？

第六课： 从三维形状创建复合形状，并使用形状名称和位置描述复合形状。

姓名 _____   日期 _____

玛丽亚使用她的3维形状制作了一个结构。使用形状尝试制作与玛丽亚相同的结构,因为老师阅读了玛丽亚结构的描述。

玛丽亚的结构如下:

- 1个长方柱,最短的一面与桌子接触。
- 长方柱的上方和右边是1个立方体。
- 立方体顶部有1个圆柱体,圆形表面接触立方体。

读

彼得装配了5个长方柱以建造5座塔楼。他在三个塔顶上放了一个圆锥体。彼得还需要几个锥体以使每座塔楼顶部都有一个圆锥体？

绘画

写

___

单位的故事　　第七课应用题

单位的故事 第七课习题集 1•5

姓名 _____ 日期 _____

1. 形状是否分成了相等的部分？写Y代表是，或N代表不是。如果形状具有相等的部分，请在直线上写下有多少相等的部分。第一个已经为你完成。

a. [正方形，对角线分割] **Y** **2**	b. [圆，斜线分割] ___ ___	c. [三角形，一条线分割] ___ ___
d. [矩形分成4份] ___ ___	e. [圆，竖线分割] ___ ___	f. [圆，分成3份] ___ ___
g. [圆，十字分割] ___ ___	h. [矩形，竖线分割] ___ ___	i. [六边形，一条线分割] ___ ___
j. [菱形，分割] ___ ___	k. [两个圆] ___ ___	l. [六边形分成6份] ___ ___
m. M ___ ___	n. F ___ ___	o. D ___ ___

第七课： 命名形状并将其作为整体的部分，识别部分的相对大小。

223

2. 写下每个形状中相等部分的数量。

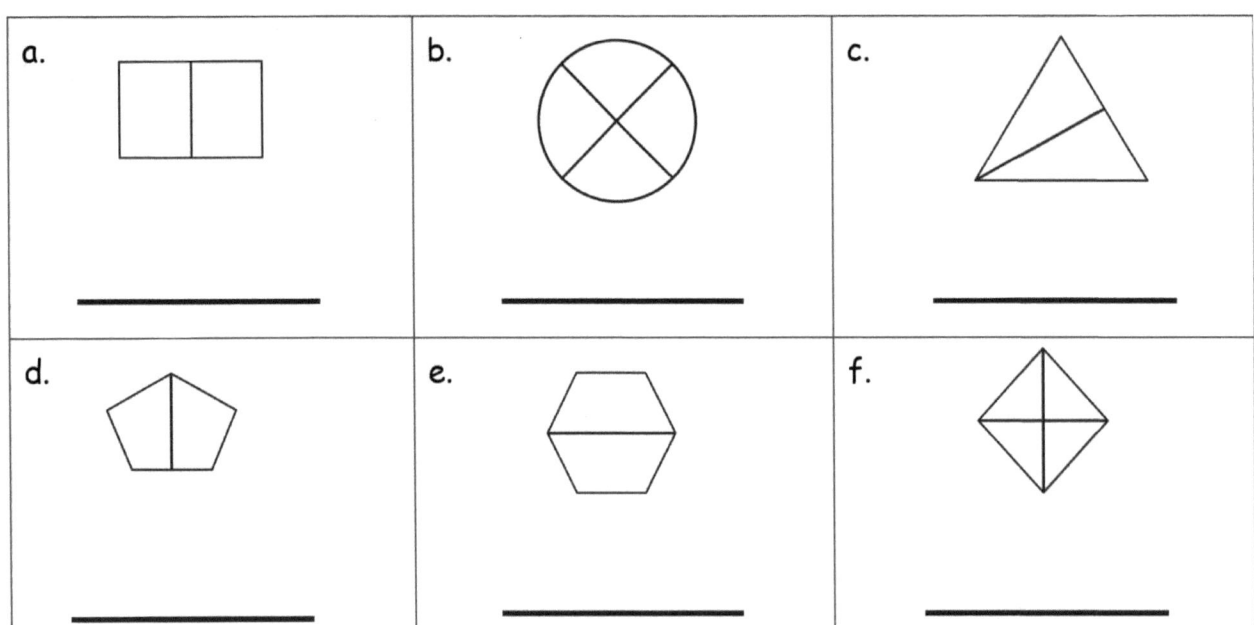

3. 画一条线使这个三角形变成2个相等的三角形。

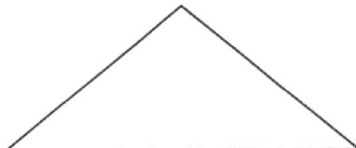

4. 画一条线以使该正方形分成2个相等的部分。

5. 画两条线使这个正方形变成4个相等的正方形。

姓名 _____ 日期 _____

圈出具有相等部分的形状。

形状有几个相等的部分？ _____

读

彼得和弗兰都有相同数量的图案块。总共有12个图案块。弗兰有几个图案块？

画

写

___

___

___

第八课： 划分形状并识别圆形和矩形的两等份和四等份。

姓名 _____   日期 _____

1. 形状被分为两等份吗？输入是或否。

a. 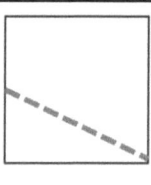	b. 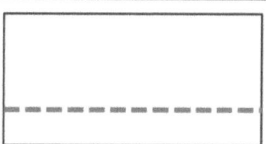	c. 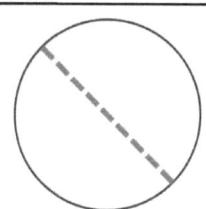
d. 	e. 	f. 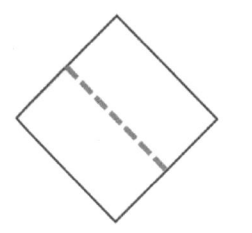

2. 形状被分为四等份吗？输入是或否。

a. 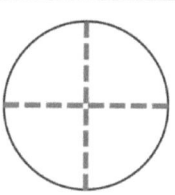	b. 	c. 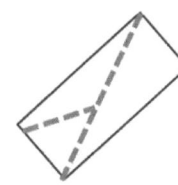
d. 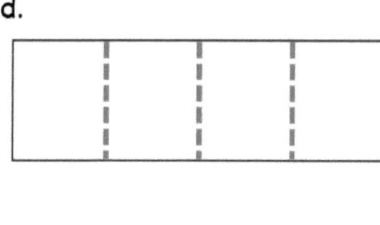	e. 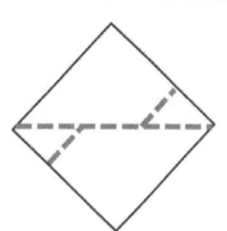	f. 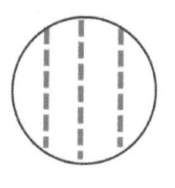

第八课： 划分形状并识别圆形和矩形的两等份和四等份。

3. 给每个形状的一半着色。

a.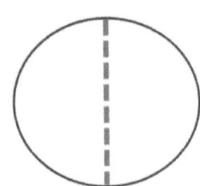

b.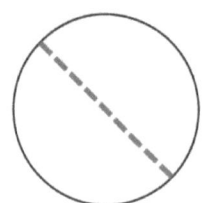

c.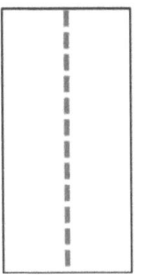

d.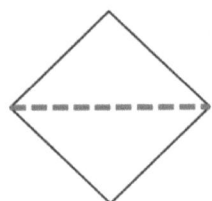

e.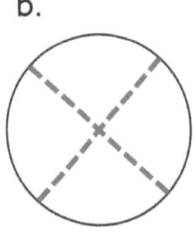

f.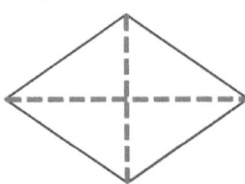

4. 为每个形状的四分之一上色。

a.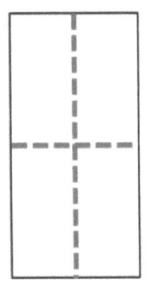

b.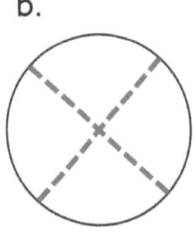

c.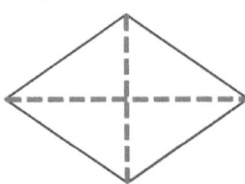

d.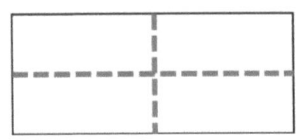

e.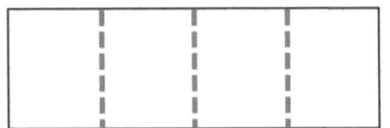

姓名 _____   **日期** _____

为这个正方形的四分之一上色。	为此矩形的一半上色。
为此正方形的一半上色。	为这个圆的四分之一着色。

第八课: 划分形状并识别圆形和矩形的两等份和四等份。

单位的故事

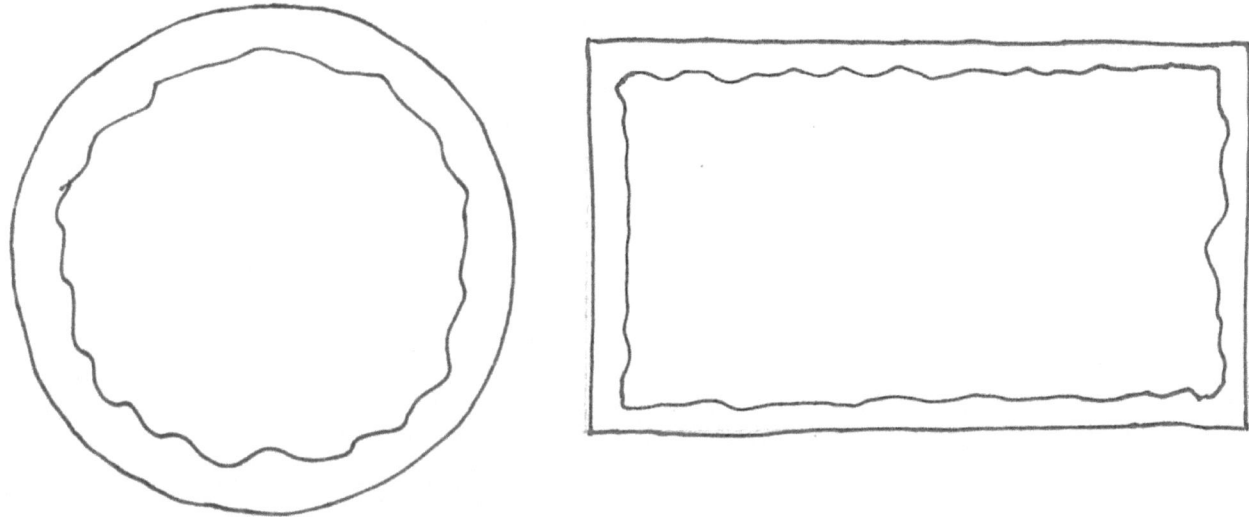

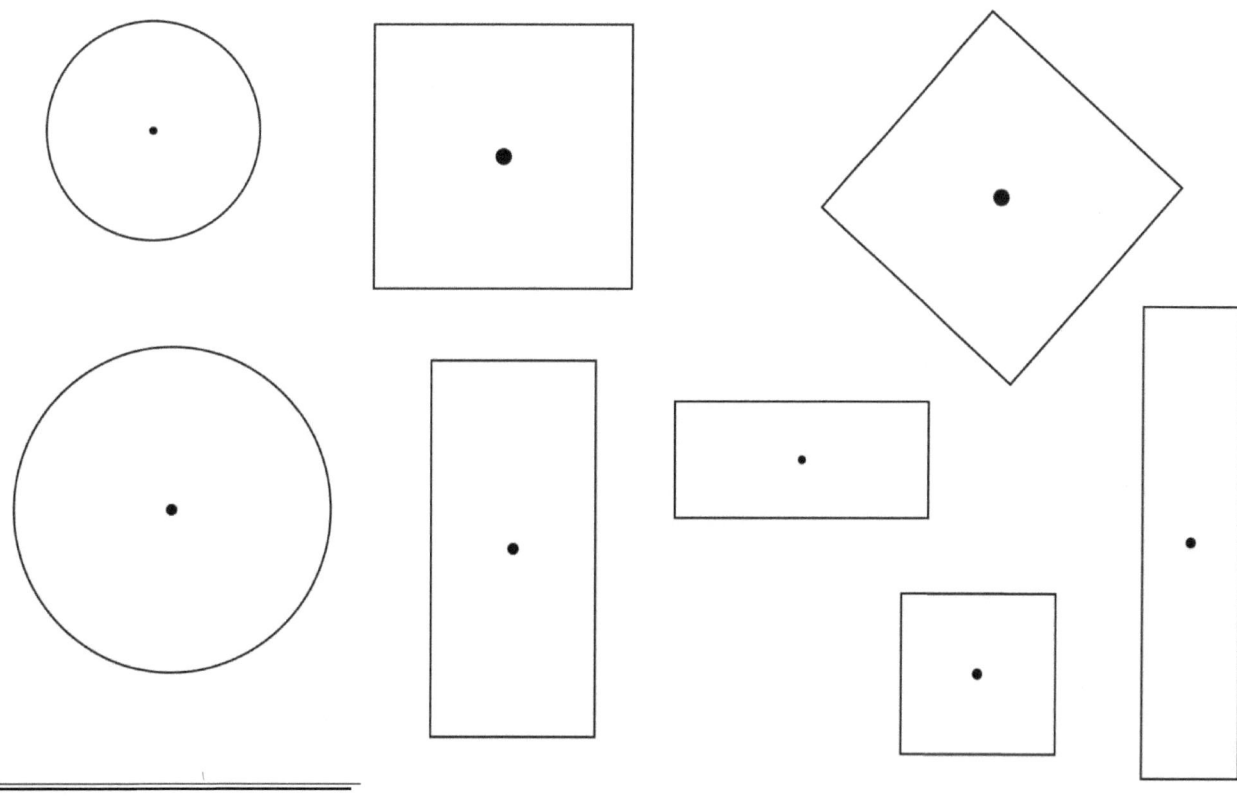

圆形和矩形

第八课: 划分形状并识别圆形和矩形的两等份和四等份。

读

艾米将正方形布朗尼蛋糕切成四等份。画一张巧克力蛋糕图形。艾米赠送了布朗尼蛋糕的3部分。她剩下几块?

扩展: 整个布朗尼蛋糕剩下多少部分?

画

第九课: 划分形状并识别圆形和矩形的两等份和四等份。

写

___

第九课: 划分形状并识别圆形和矩形的两等份和四等份。

姓名 _____ 日期 _____

将每张图片的阴影部分标记为形状的一半或四分之一。

1.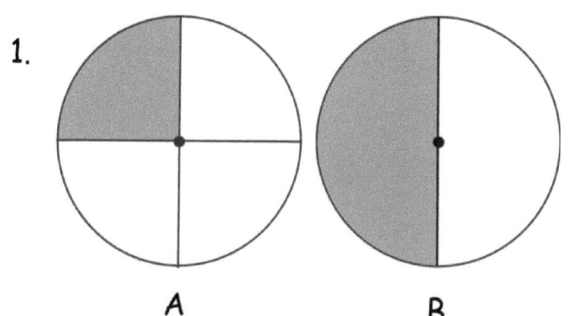

哪种形状被切成更多均等的部分？ ____

哪个形状具有较大的相等部分？ ____

哪个形具有状较小的相等部分？ ____

2.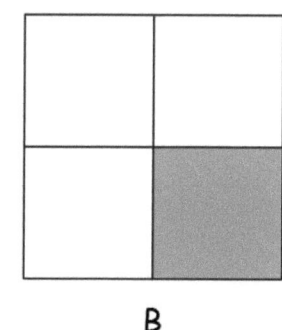

哪个形状被切成更多均等的部分？ ____

哪个形状具有较大的相等部分？ ____

哪个形具有状较小的相等部分？ ____

3. 圈出阴影部分较大的形状。圈出使句子正确的短语。

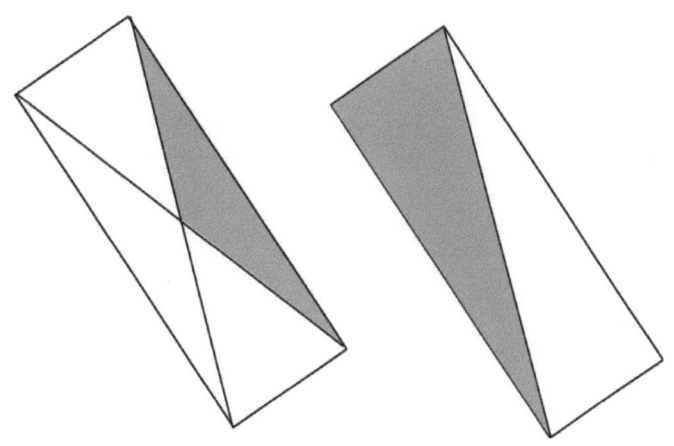

较大的阴影部分是

整体形状

（的一半/四分之一）。

第九课： 划分形状并识别圆形和矩形的两等份和四等份。

单位的故事

第九课习题集 1·5

给形状的一部分上色以匹配标记。

圈出使陈述正确的短语。

4.

圆的一半。

大于

小于

等于

圆四分之一。

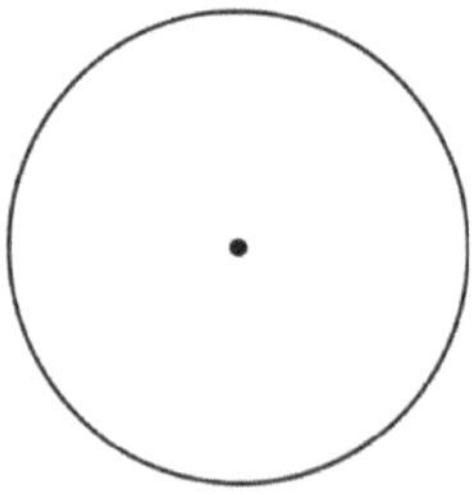

5.

矩形的四分之一

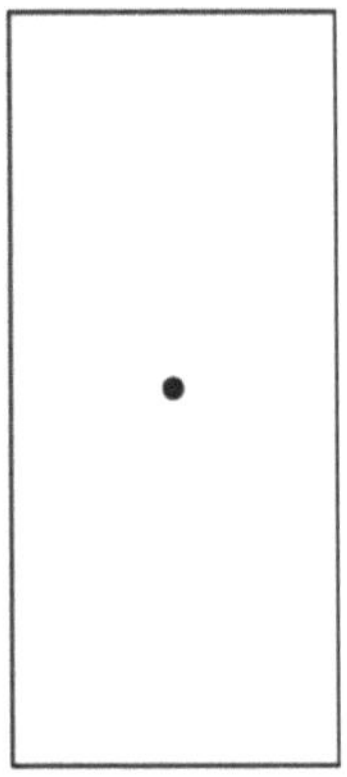

大于

小于

等于

矩形的一半。

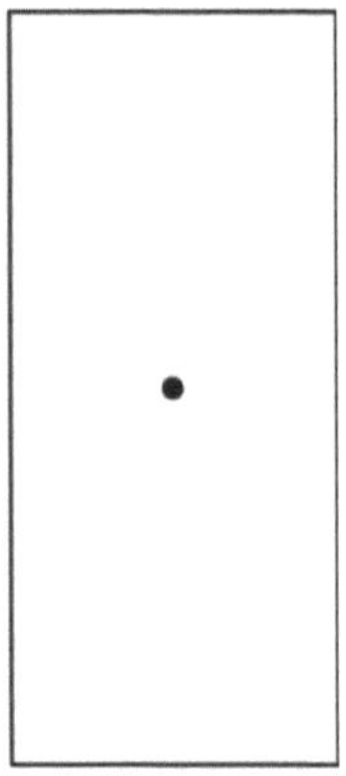

6.

正方形的四分之一

大于

小于

等于

正方形的四分之一。

姓名 _____   日期 _____

1. 圈出T代表对，或 F 代表错。

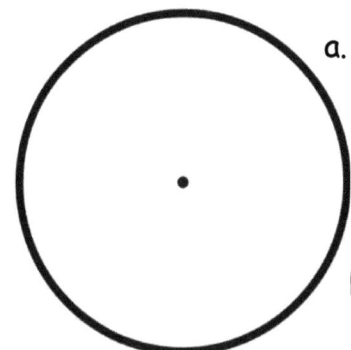

   a. 圆的四分之一大于圆的二分之一。　　　　　　　　　　　　T F

   b. 将圆切成四等份比将圆切成两半给你更多的部分。　　　　T F

2. 使用下面的圆圈说明你的答案。

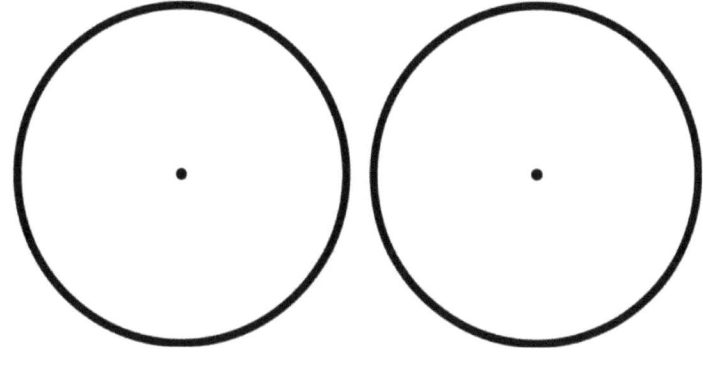

_____

_____

第九课： 划分形状并识别圆形和矩形的两等份和四等份。

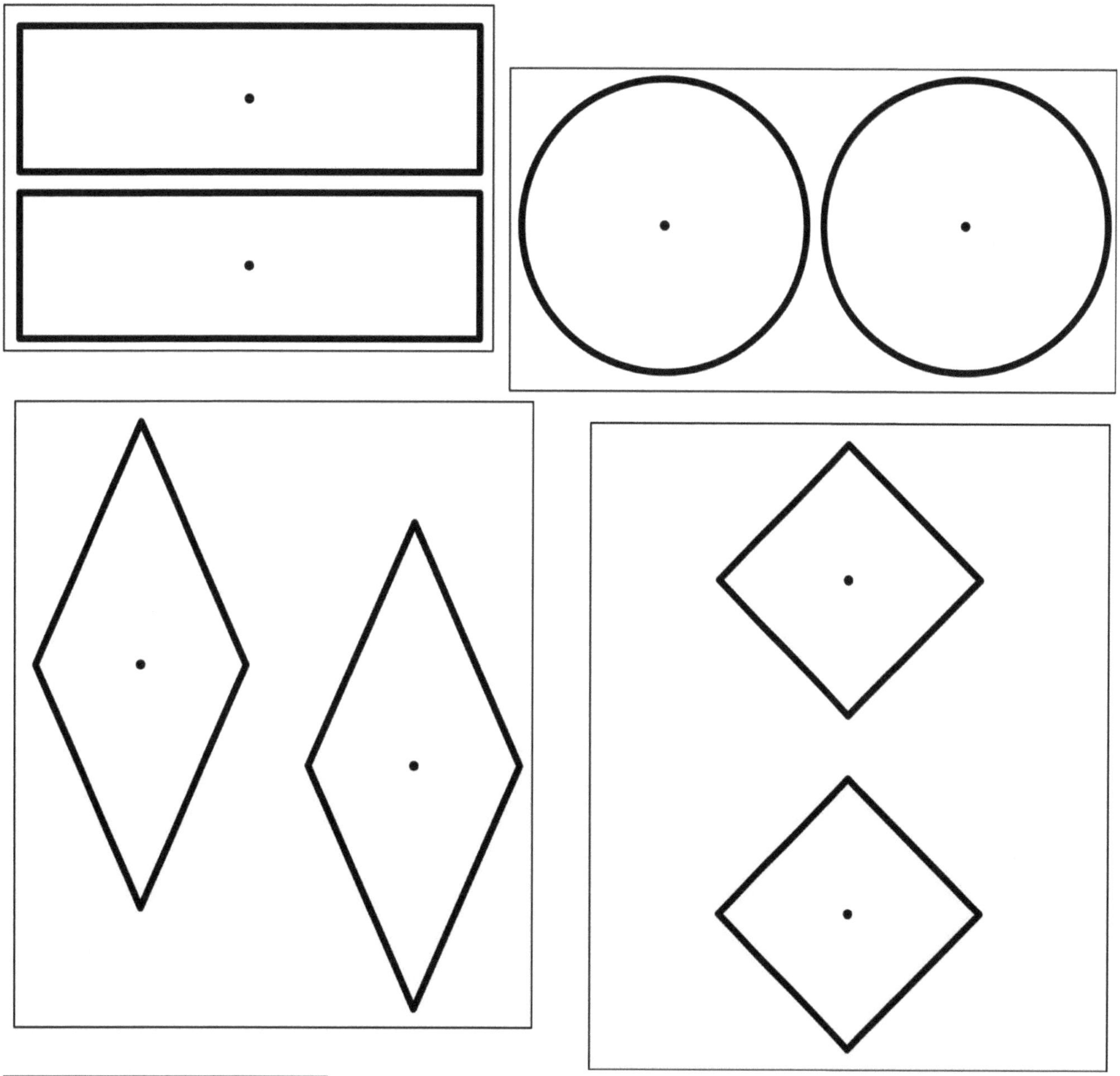

形状对

读

金画了七个圆圈。莎妮卡画了10个圆圈。金画的比莎妮卡少了几个圆圈?

画

写

_____

_____

_____

姓名 _____　　　　日期 _____

1. 匹配显示相同时间的时钟。

   a.　　　　　　b.　　　　　　c.　　　　　　d.

2. 将时针放在该时钟上，以便时钟显示 3点钟 。

3. 写下每个时钟上显示的时间。

单位的故事 第十课课堂反馈条

姓名 _____ **日期** _____

写下每个时钟上显示的时间。

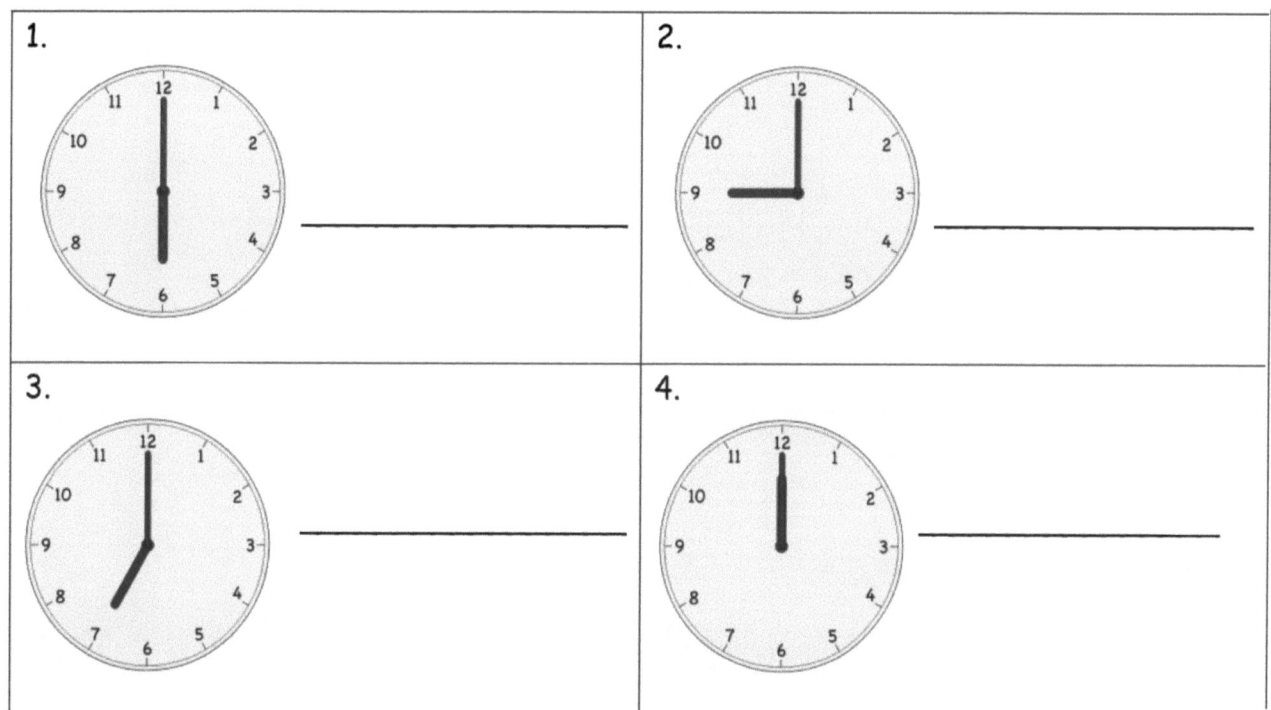

第十课： 通过划分一个圆来构造一个纸时钟，并告诉小时时间。

单位的故事　　　　　　　　　　　　　　　　　　　　　　　　第十一课应用题

读

塔姆拉家里有7个数字时钟,只有2个圆形或模拟时钟。塔姆拉的圆形时钟比数字时钟少多少?塔姆拉总共有几个时钟?

画

写

___

第十一课:　　识别圆形钟面内的半个小时,并告诉半个小时的时间。

姓名 _____   日期 _____

1. 将时钟与右边的时间匹配。

   a.  ●

   b.  ●

   c.  ●

   ● 5点半

   ●

   ●

   ● 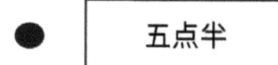 五点半

   ● 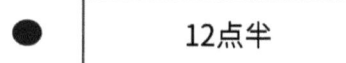 12点半

   ● 2点半

2. 绘制分针，使时钟显示其上方的时间。

   a. 7点

   b. 8点

   c. 7:30

   d. 1:30

   e. 2:30

   f. 2点

第十一课： 识别圆形钟面内的半个小时，并告诉半个小时的时间。

3. 写下每个时钟上显示的时间。完成与前两个例题类似的习题。

a.	b.	c.
3:30	五点半	

d. 	e. 	f. 

g. 	h. 	i. 

j. 	k. 	l. 

4. 圈出显示12点半的时钟。

a. 　　b. 　　c.

姓名 _____ 日期 _____

绘制分针,使时钟显示其上方的时间。

1. 9:30

2. 3:30

3. 在线上写下正确的时间。

 _____

单位的故事　　　　　　　　　　　　　　　　　　　　　第十二课应用题　1•5

读

从新的一小时开始到半小时，将时钟着色。解释为什么这与30分钟相同。

画

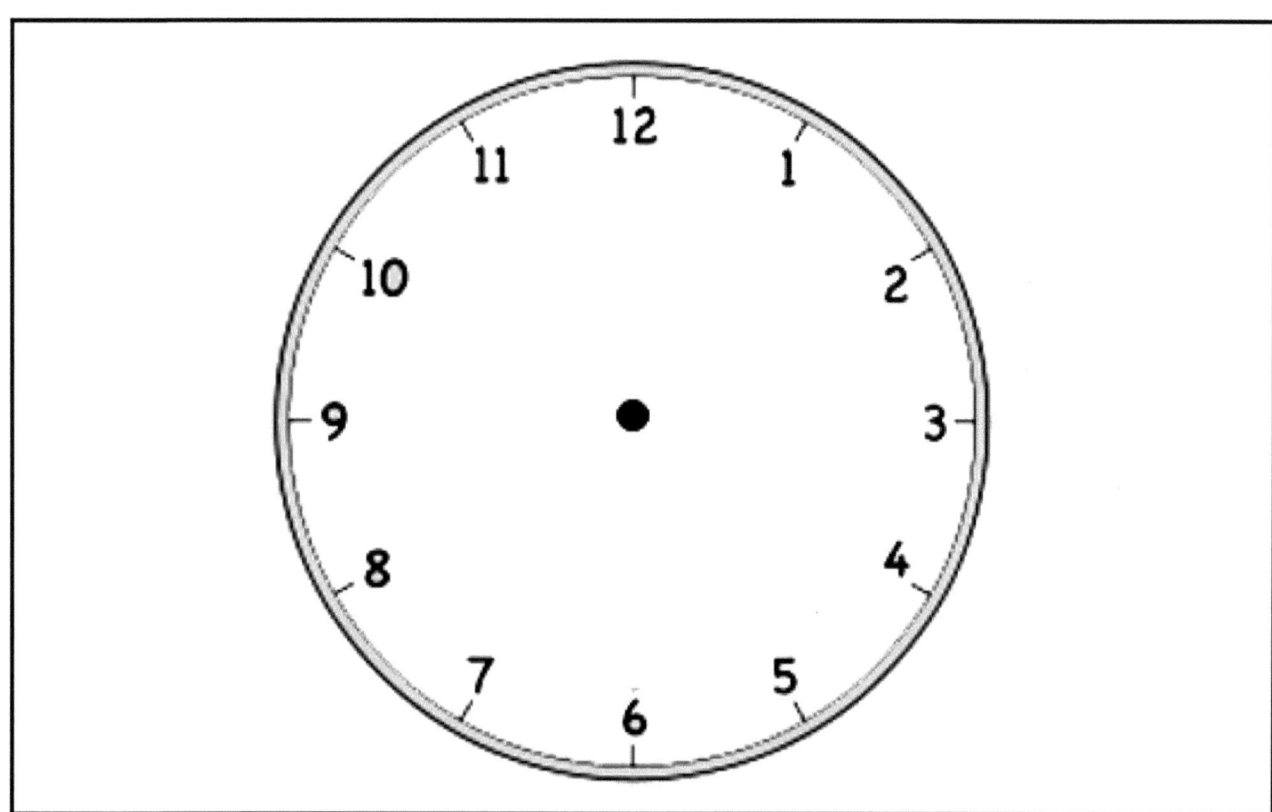

写

_____

_____

_____

第十二课：　识别圆形钟面内的半个小时，并告诉半个小时的时间。

姓名 _____ 日期 _____

填空。

1. 时钟显示十一点半。

2. 时钟显示两点半。

3. 时钟显示6点。

4. 时钟显示9:30。

5. 时钟显示六点半。

第十二课： 识别圆形钟面内的半个小时，并告诉半个小时的时间。

6. 匹配时钟。

a.

b.

7点半

c.

1点半

d.

7点

5点半

7. 在时钟上画分针和时针。

a. 3:30

b. 8:30
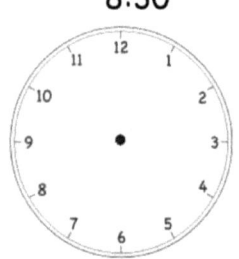

c. 11:00
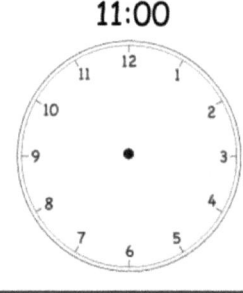

d. 6:00
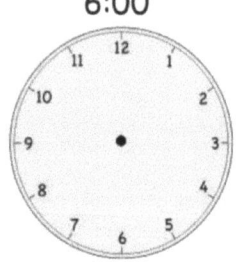

e. 4:30
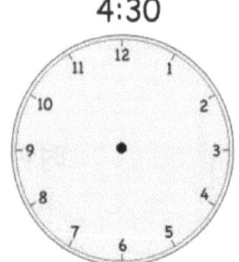

f. 12:30
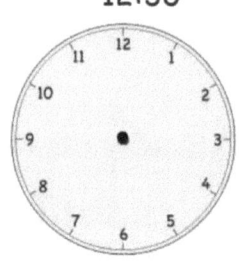

第十二课: 识别圆形钟面内的半个小时,并告诉半个小时的时间。

姓名 _____ 日期 _____

在时钟上画分针和时针。

1. 1:30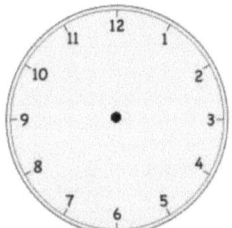

2. 10:00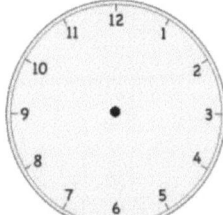

3. 5:30

4. 7:30

读

本是时钟收集者。他有8个数字时钟和5个圆形时钟。本总共有几个时钟？本的数字时钟比圆形时钟多多少个？

画

写

_____

_____

_____

第十三课： 识别圆形钟面内的半个小时，并告诉半个小时的时间。

姓名 _____   日期 _____

圈出正确的时钟。在线上写下其他两个时钟的时间。

1. 圈出显示1点半的时钟。

_____

_____

2. 圈出显示7点的时钟。

_____

_____

3. 圈出显示十点半的时钟。

_____

_____

4. 现在是几点？在线上写下时间。

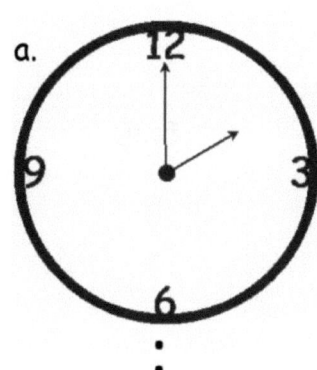      

_____:_____   _____:_____   _____:_____

5. 在时钟上画分针和时针。

a. 1:00

b. 1:30

c. 2:00

d. 6:30

e. 7:30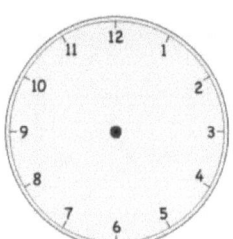

f. 8:30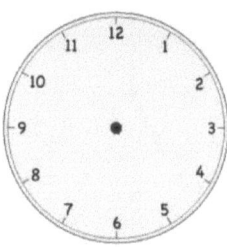

g. 10:00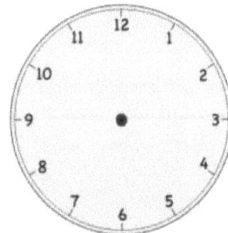

h. 11:00

i. 12:00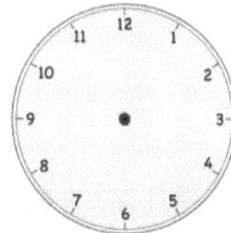

j. 9:30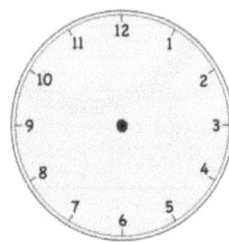

k. 3:00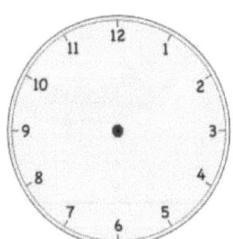

l. 5:30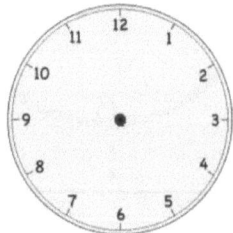

姓名 ____________________ 日期 ____________

1. 圈出显示三点半的时钟。

a. 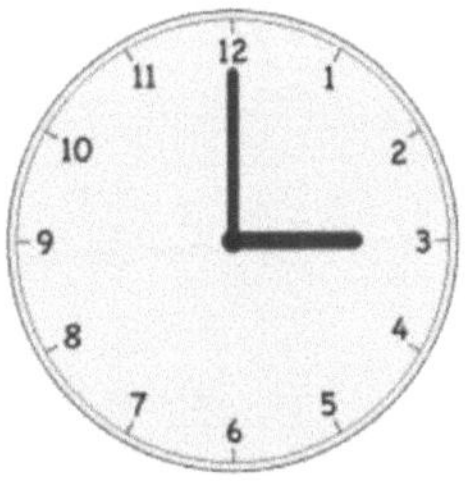

b. 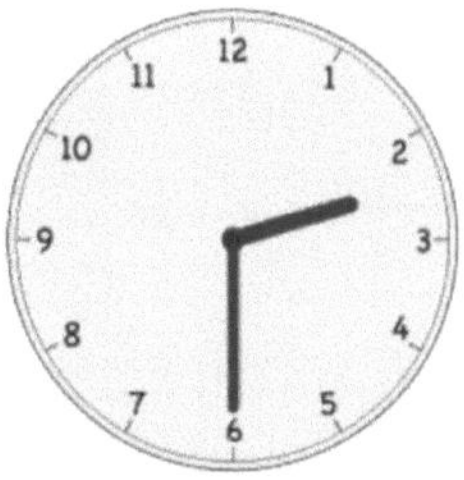

c. 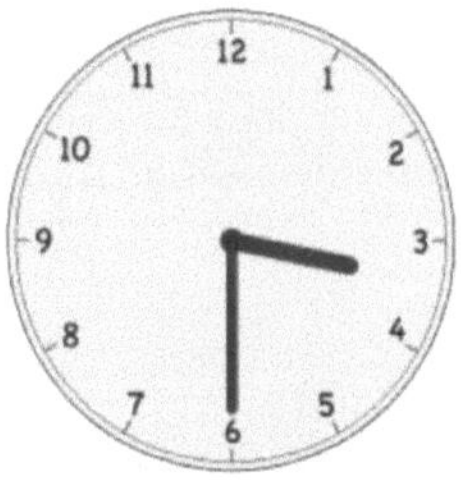

2. 写时间或绘画时钟的指针。

a. 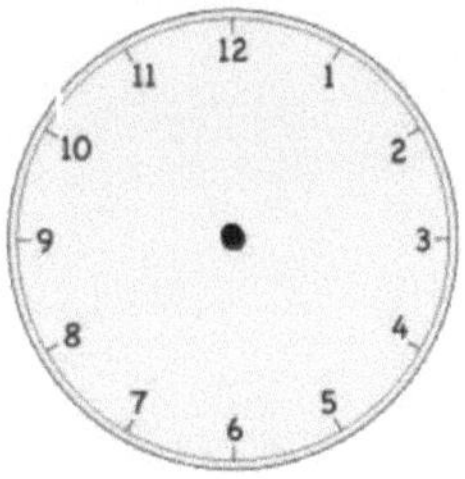

4:30

b. 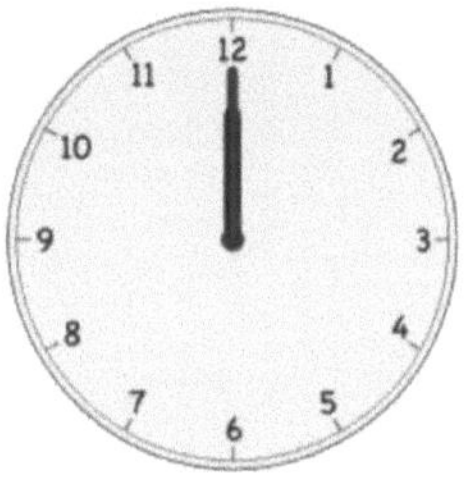

____

c. 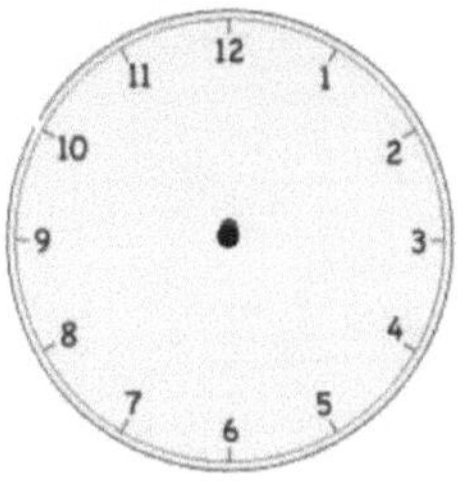

9点

单位的故事 第十三课模板2

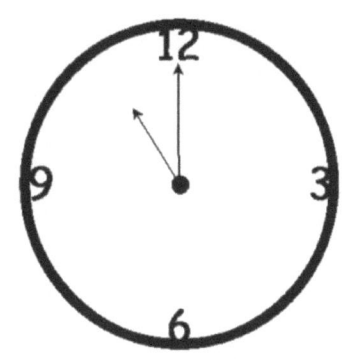

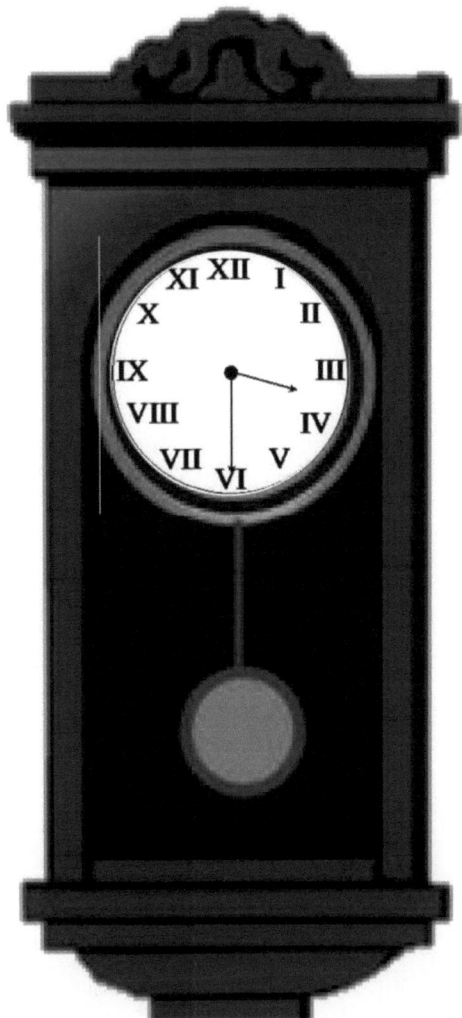

时钟图片

第十三课： 识别圆形钟面内的半个小时,并告诉半个小时的时间。

鸣谢

Great Minds® 竭尽全力获得转载所有版权教材的许可。如对任何版权材料的拥有人未在此致谢,请联系 Great Minds,以在未来的版本以及本模块的转载中获得正确的致谢。

Printed by Libri Plureos GmbH in Hamburg, Germany